蔬食地圖14

五季五行
養生蔬食

但漢蓉　著

五行對五臟 食療祕訣

文／妙熙法師 人間福報社長

人人皆知一年有四季，但中醫卻有五季說法，即春、夏、長夏、秋、冬，而長夏指的是夏季的最後一個月，約是小暑到處暑之間的這段時間。五季關聯自然界五行，並依五季運行順序，以木、火、土、金、水等屬性對應人體五臟，經過千百年淬鍊，衍生出養生之道。

《人間福報》蔬食園地專欄作者但漢蓉，因照顧母親身體的因緣，研究生機養生飲食20餘年。將食材與五季五行搭配，善用當令與當地食材，「適時適食」創作出一道道健康美味佳餚，除了達到環保減碳目的，呼應古人調理身心的智慧，也符合《人間福報》蔬食、環保、愛地球的理念。

因此，「福報文化」特地以但漢蓉多年累積養生觀，出書蔬食地圖系列叢書14《五季五行 養生蔬食》，盼與讀者分享食療祕訣。

例如春屬木，主肝。春季陽氣初生，大地復甦，大自然新生，內應肝臟，調動人體陽氣，調和氣血，讓春生之氣舒暢情緒。所以但漢蓉推薦立春豐年五色飯，期許新的一年，身心健康，平安吉祥。

夏屬火，主心。夏季是一年氣溫最高季節，人體臟腑氣血旺盛，宜食用清淡、解熱之品，調節陰陽氣血。養生杏仁薏仁羹，健脾除溼，方便長者攝取營養，是炎熱氣候最清淡爽口點心。

長夏屬土，主脾胃。正值夏、秋之際，天熱下降，低溼上蒸，溼熱交纏，長夏陰陽變化，讓脾功能容易受損，所以是養脾的季節。在炎熱天氣，胃口不佳，可善用五穀粉，製作長夏雙色米饅頭，可包入利水除溼的紅豆、各式堅果果乾等，營養又開胃。

荀子曾說：「天地合而萬物生，陰陽接而變化起。」古人早就知道自然界的強大，天人合一的養生觀念，才能真正關照五臟六腑。

但漢蓉看到了現代人的忙碌作息，用心地按照五季順序編纂此書，除了介紹季節氣候之五行屬性，以及與五臟之關聯性，然後研發當季菜單，詳述使用食材、烹調步驟及精美圖片，更有貼心叮嚀，供讀者在家就可輕鬆做出一道道美饌及飲品，讓人在享受美味同時，領略身心與大自然運行的奧妙關聯。

《五季五行養生蔬食》可說是一本呵護全家老小的健康食譜，值得每一位對養生食療有興趣的人，細細品讀一番。

推薦序
黃帝內經五行的智慧

文／洪友仕
淨膳食養創辦人、澳洲執業中醫師

但漢蓉老師這本《五季五行養生食蔬》，令人非常開心可以閱讀以五行智慧融入蔬食生活，是一本非常實用的食譜教學書籍，圖文豐富精心編寫。讓讀者從飲食融入五行的美好生活，民以食為天，食物是我們攝取營養，維持生命的主要來源之一，但「病從口入」卻也是我們所熟知的諺語。

筆者是一名在澳洲執業的中醫師，家族三代皆是中醫世家，曾於中國大陸、加拿大、馬來西亞、澳洲求學及執業。

2018年秋天，筆者前往歐洲參加一場中醫學會時，認識了德國 Otto Buchinger Clinic。該醫院創立於十九世紀初期1920年至今已103年。一位因病而退役的軍醫，在朋友的建議之下，進行19天的蔬食飲食調理後，疾病竟有所好轉，使得他對蔬食調理產生了極大的興趣，並於德國創辦該醫院至今。這間具有百年歷史蔬食調理醫院，力推天然療法，秉持改變飲食，改變生活，身體就能回歸自然療癒。同年底，筆者受邀前往該醫院訪問及學習。

2018年底學成歸國後，號召了一群具備醫療照護與健康促進專業的人員，以健康照護為出發點，以原型植物飲食為根基，

結合漢方本草與漢醫養生概念，以精心調理及健康攝取之方式，期待參與者能得到身、心、意念之調養與修復。已開辦了多場的淨饍食養系列營隊課程。我們也從參與的學員中透過SF-36問卷了解參加營隊前後身體的變化情形。分析結果發現，未介入前，學員於活力、一般健康狀況、心理健康、情緒角色受限、身體疼痛、生理角色受限等構面分數偏低。介入後，所有的構面都有明顯提升，且變化量都有達統計上顯著差異。其中以情緒角色受限（20%）、一般健康狀況（19%）及生理角色受限（14%）最為顯著。

2021年在《預防醫學Prevention and Health》上的這篇文獻，研究了來自6個國家的醫護人員，觀察紀錄飲食型態對感染COVID-19之後的病情影響，結果發現輕症的人多為吃植物性來源的飲食，染疫後引發重症的風險降低了73%(Kim，2021)。

最後希望讓更多人認識全植物性飲食，並推廣普及漢醫養生觀念，在人間福報的力邀下，期盼明年春天能出版融合中、西醫專業知識的書籍問世，以科學文獻佐證、研究成果及執行方法，一同發現健康的奧祕，擁抱身心健康。

推薦序

養生料理 輕鬆上菜

文／施建瑋 佛光大學教師

　　《人間福報》蔬食園地專欄作者但漢蓉老師，她總是帶著親切的笑容，在教學時不厭其煩、詳細地為學員們講解，讓他們能夠輕鬆地學習。但老師致力於24節氣養生料理研究與推廣已行之多年，一談到節氣料理，就讓人直接聯想到但老師。從她手中做出來的菜餚，色香味俱全，是一道道養生、健康、樸實，兼具美味的創意料理。

　　但老師擅長生機飲食，並運用不同節氣食材做出各式各樣的養生佳餚，就是要在對的時間吃對的食物，這才能夠讓我們的身體更容易吸收養分，達到事半功倍的效果。但老師在食譜的菜餚設計上，把繁瑣的料理變得淺學易懂，讓讀者在家都能夠簡單地操作，輕輕鬆鬆料理出美味的上堂齋。

　　這本五季五行食譜，按著節氣編排，以當季盛產的蔬果、菇蕈類等，搭配五穀雜糧及少許的中藥材，透過飲食讓身體沉浸在食療的養分中，使人時時刻刻保持體力，維持身心靈的平衡。作者非常用心，食譜中的每一季、每一道料理，都呈現出多元化的創意設計。讓擁有這本食譜的讀者，可以輕鬆上菜，能夠滿足家中的長輩、孩童，甚至是遠道而來的好友，道道佳餚都是營養豐富，兼具色、香、味、型的健康養生料理。

自序 _____

文／但漢蓉

能夠有這一本書的完成，心存感恩。

《人間福報》推行電子報紙，讓佛教藉由數位科技的力量，推動佛法的弘揚，無遠弗屆。

很感恩有因緣接下《人間福報》蔬食版24節氣的專欄，有機會去細細檢視與挑選更適合大眾的簡單節氣料理，並且更加用心地體驗與印證大自然與動植物的時間表，有助於讓世界各地的人們更方便就地取材與實踐，順應天時，活在當下，這一篇篇的食療筆記因此順應而生。

曾經在挑選課程與食譜時，總是期許再創新與變化，著眼在追尋更新穎與豐富的食材，總是擔心做得不夠好，忙忙碌碌，猶如旋轉的陀螺。

2014年開始，很幸運有機緣在佛陀紀念館參與「24節氣養生食療與花草茶」的課程，在課程前都有一段法師的開示，讓大眾體驗靜心、茶禪與佛法，剎那之間，醍醐灌頂，讓我領悟到簡單的平靜與歡喜，唾手可得。四季更迭，萬物遞嬗如常，花朵依時序綻放，果實如期豐收，四季周而復始，歲月靜好，做

對應的料理，是如此簡單而美好，課堂中雙閣樓牆上星雲大師開示的做好事、說好話、存好心，更是扎根在心底的座右銘。

　　近來隨著科技的進步與交通工具的便捷，世界變得一蹴可及，然而面對未知病毒、食安問題，與現今高齡化社會對於醫療與長照的迫切需求，是社會的重擔。長輩們與陪伴者進出醫療院所的不便、愁苦與等待，對衰老過程的恐懼籠罩著許多家庭，渺小的我們能多方嘗試與學習找到適合自己提升免疫力與身心安頓的方法。

　　在面對許多自然退化的疾病，如睡眠障礙、憂鬱、胃腸不適，節氣性的感冒症狀與筋骨酸痛，期許能透過簡單的食療，一日三餐，飽腹的同時能滋養五臟，預防與舒緩疾病。自己或與三五好友同聚，挑選當季盛產的食材，搭配五行五色的營養，以及特製喜歡的口味，做出幾道拿手菜，透過五彩芬芳的蔬果穀芽，來感受探索季節的變化，手腦並用的激盪，在家就可以經歷一場觸覺、嗅覺與味蕾的饗宴，達到身心靈的平安與歡喜。

　　母親的病，是我年輕時的導師，讓我體會到生死別離的無助與痛苦，這25年來在各個社區共同相聚研習，親愛如同一家人，「四海皆兄弟，何必骨肉親。」促使著我學習把愛擴大，學員們更是時刻激勵著我前行的人生導師。各個家庭日復一日，真實演繹著生、老、病、死、苦，是人一生必經的道路，然而在困境中，能自覺警醒的時刻，積極而歡喜，無畏坦然的面對，自然而優雅的老去，這是我在長輩們身上看見已經實現的美麗藍圖與願景，讓我們更有信心邁步前行。

　　這些年來，親身見證簡單的食療就能夠強健身心，是支持我秉著熱誠，日以繼夜，馬不停蹄地四處分享的動力。專注投入更符合一家大小口味的健康料理，課堂中跟著學員們不斷地驗證與學習，教學相長，是滋養我精益求精的能量與底氣。書中的每一道食譜，都是大家的心血所集，方方面面，皆期許能利於家庭的健康、歡樂與和諧，食的營養，身心靈的平靜與歡喜，是最富足的供養。

目錄

春木

夏火

長夏土

秋金

冬水

春屬木，主肝。

春三月，此謂發陳。天地俱生，萬物以榮，夜臥早起，廣步於庭，被髮緩形，以使志生，生而勿殺，予而勿奪，賞而勿罰，此春氣之應，養生之道也。

　　春季陽氣初生，大地復甦，萬物生發向上，是大自然新生的季節。內應肝臟，配合春季的特性，因勢利導，調動人體的陽氣，使氣血調和，讓情緒與意識隨著春生之氣而舒暢，便是春天養生的原則。

立春豐年
五色飯

　　「立春」節氣，一元復始，萬象更新。一年之計在於春，即使生活與工作再忙碌，想為自己與家人準備簡單、營養美味的餐點並非難事，只要前一天晚上將米先洗好，冷藏浸泡，再上街挑選些當季五顏六色的鮮果、時蔬，也能忙中偷閒，感受一下四時節氣的更迭。

　　在前一天晚上先將時蔬清洗、汆燙，做好涼菜，並製作帶有清新風味的「希臘式優格芝麻醬汁」，隔天就可以氣定神閒，簡單優雅地端出一碗滿滿能量的五色雜糧飯，期許新的一年身心健康，平安順利。

使用材料

- 黑米　　　　　　　　　　　　　1米杯
- 藜麥　　　　　　　　　　　　　1/2米杯
  也可使用糙米
- 水　　　　　　　　　　　　　　2米杯
- 冷凍栗子　　　　　　　　　　　1米杯
- 蓮子　　　　　　　　　　　　　1米杯
- 切塊南瓜　　　　　　　　　　　1米杯
- 冷凍生豆包　　　　　　　　　　1塊
- 季節蔬菜　　　　　　　　　　　適量
  番茄、綠花椰、黃豆芽、綠豆芽、玉米筍等。
- 調味醬料　　　　　　　　　　　適量
  希臘式優格，黑（白）芝麻醬，七味唐辛子粉或海苔粉，紫菜酥。

製作方法

· 前一晚先將黑米、藜麥洗好，加入2杯水，放冰箱冷藏保存。並將鮮蓮子、栗子與切塊的南瓜，事先放置冷凍庫。

· 挑選一些喜歡的蔬菜，例如：番茄、綠花椰、黃豆芽、綠豆芽、玉米筍等。先煮一鍋沸水，水中加些鹽與油，快速汆燙，瀝乾水分，以鹽、胡椒粉與苦茶油簡單調味，放入冰箱冷藏保存。

· 希臘式優格3大匙，白（黑）芝麻醬3大匙，少許熱水、純釀醬油1大匙，蜂蜜1茶匙，及七味唐辛子粉或海苔絲、白芝麻粒少許（紫菜酥可以直接撒上）。做好的希臘式優格芝麻醬，放冰箱冷藏保鮮。

· 隔天再將黑米、藜麥、鮮蓮子、栗子與切塊的南瓜與冷凍生豆包鋪在米上，放進電鍋一起蒸煮、燜熟。

· 將煮熟的飯，加入前一天晚上準備好的季節涼菜，再淋上「希臘式優格芝麻醬汁」即完成。

養生小語

· 黑米含有大量的花青素及多種營養素，在寒冷的冬季，能降低心臟病發作風險，並可控制膽固醇水平。除此之外，還能預防阿茲海默症與糖尿病，增強免疫力。以黑米搭配豐富的五穀雜糧與堅果，營養豐富，美味可口。

隨心小記

穀香南瓜
蔬菜薯餅

「斗指壬為春分，南北兩半球晝夜均分，又當春之半，故名春分。」春分時節，晝夜均、寒暑平，春風拂面、和煦暖陽、陣陣桂花飄香，是此刻的寫照。

台灣氣候普遍潮溼，從立春至春分的節氣，可採甘味食物來養生，因為「甘味」入脾土。脾主「運化」，可幫助身體代謝，這個階段若能將脾胃照顧好，待至清明梅雨、穀雨節氣時，身體便容易調養。

春天時，身體的肝氣旺盛，若能適時補充甘味小品，如三米粥、地瓜、南瓜等，都非常適合。陽春三月，春雨綿綿，煎一塊鹹香營養的穀香南瓜蔬菜薯餅，富含蛋白質、多樣化維生素和礦物質，當早餐或點心都非常適合，可滋養脾胃，舒緩春睏。

使用材料

· 馬鈴薯	2顆
· 南瓜	1小塊 約100g
· 毛豆	3大匙
· 水	100cc
· 苦茶油	1大匙
· 綜合熟米穀粉 薏仁粉或全麥麵粉	約1米杯
· 海苔片	1片

· 橄欖油、起士絲、黑胡椒粉、七味唐辛子粉。

· 熱水、冰糖、醬油、芝麻油。

製作方法

· 將馬鈴薯、南瓜洗淨、削皮，切成小丁狀，放入厚底小湯鍋中，加入毛豆、水、苦茶油，煮滾後轉小火燜煮5分鐘關火，再燜10~15分鐘，待馬鈴薯與南瓜、毛豆熟軟即可。亦可直接放入電鍋燜煮。

· 調製醬汁，將熱水與冰糖攪拌融化，再加入醬油、芝麻油調勻備用。

· 將蒸熟的蔬菜壓碎、翻拌均勻，拌入米穀粉，捏成圓球狀、壓扁。熱油鍋，將雙面煎成金黃，刷上醬汁，放上起士絲融化後，灑上海苔絲、胡椒粉即可。

貼心叮嚀

· 如果一次做多了，可以在保鮮膜上灑些麵粉類，壓成圓餅狀，冷凍起來，方便取用。日後取出，或煎或烤，方便、營養不流失。

養生小語

· 《本草綱目拾遺》記載，馬鈴薯味甘，性平，歸脾，「補虛乏，益氣力，健脾胃，強腎陰，主治脾虛水腫，腸躁便祕」。

· 馬鈴薯富含維生素C、維生素B與維生素E，及鐵、葉酸、鋅、鎂、銅等微量元素，是優良鹼性食品。

· 南瓜富含強力抗氧化β-胡蘿蔔素，及豐富膳食纖維，可延緩醣分的吸收，避免血糖在飯後急速上升。

隨心小記

五色蔬果
穀芽生菜捲

　　元宵節有「小過年」之稱，此時已進入春節的尾聲，「雨水」節氣在元宵節前後幾日，之後天氣便漸漸回暖。在溫潤綿細春雨滋潤下，空氣中的溼度升高，樹木隨土地陽氣的上騰，也開始抽出嫩芽，大地漸漸開始呈現欣欣向榮景象。

　　小小的芽菜就是一顆小型的蔬菜，營養豐富、細嫩好吸收，非常適合長輩與幼童攝取營養。過年期間豐富的年節食品過於豐富，自己發一些芽菜，包上一捲屬於春天的芽菜捲，帶給身、心、靈滿滿能量。生菜，諧音「生財」，祈求在新的一年平安健康、事事如意、順利發財。

使用材料

- 芽菜　　　　　　　　　　　　　　　　　　適量
  綠豆芽、豌豆芽、綠花椰苗
- 有機蔬菜　　　　　　　　　　　　　　　　適量
  小黃瓜、紅蘿蔔絲、美生菜
- 五色穀芽備料　　　　　　　　　　　　　　適量
  煎豆包絲，苦茶油、蘑菇、黃帝豆、堅果、果乾、海苔酥
- 越南春捲皮　　　　　　　　　　　　　　　數張
- 辛香料　　　　　　　　　　　　　　　　　適量
  香菜、九層塔、薄荷葉。
- 調味醬料

-熱水	3大匙
-冰糖	2大匙
-釀造醬油	2大匙
-檸檬汁或金桔汁	2大匙
-昆布絲或海帶芽	少許
-薄薑片	數片
-辣椒皮	少許

製作方法

・如果自己發豆芽菜，挑選有機、健康的豆子，充分浸泡、吸飽水分，鋪在遮光、透氣的容器裡，豆子就會開始萌芽。每日澆水兩三次，三、五天後就會長出豆芽。

・將芽菜、有機蔬菜、香菜用冷開水清洗，擦乾、瀝乾水分，保鮮盒內墊上一張廚房紙巾，冷藏保存可以放5天左右。

・將皇帝豆剝皮、加一些鹽，放入電鍋蒸熟後取出，再拌苦茶油和胡椒粉即可。

・將豆包兩面煎至金黃，切絲備用，再準備一些堅果、果乾、海苔，一起包入春捲中即可。

隨心小記

穀雨番茄
養生煲湯

「穀雨」節氣，意味節令即將進入春季尾聲，氣候日漸炎熱。「立夏」前攝取蔬果植化素，善用「天然調味」，做好身體排毒，可以減少夏天一到，皮膚因體內過於溼熱所致的種種不適。

台灣番茄品種繁多，牛番茄、黃番茄、黑番茄、桃太郎……等，每種滋味都不相同，細細品嘗、烹煮熬湯，各有不同風味。番茄熱量低，營養價值高，味道酸甜開胃，熬煮一鍋濃郁的湯底，不論加入什麼食材都很美味，善用此「天然調味法」，不但充分掌握春季時蔬，對身體也健康、無負擔。

　　番茄做成天然調味湯底，富含「天然植化素」與「膳食纖維」，營養好吸收，非常適合不愛吃蔬菜的幼童，與牙口不好的長輩品嘗。

使用材料

·番茄切丁	2杯 1杯約240cc
·老薑、薑黃	數片
·水	1000cc
·橄欖油	1大匙
·芝麻油	1茶匙

· 天然調味備料
-甘　味：大頭菜、白蘿蔔、高麗菜、豆薯、玉米、甘蔗等任選1-2種。
-鹹　味：昆布、海帶芽、紫菜、味噌等任選1-2種。
-辛香料：辣椒、胡椒粉、香菜、芹菜、泰式檸檬葉、香茅等任選1-2種。
-酸　味：適量檸檬汁、梅子醋、烏醋等。
· 其他備料
-南瓜、馬鈴薯、山藥等任選1-2種
-豆腐、豆包、黃豆芽等任選1-2種

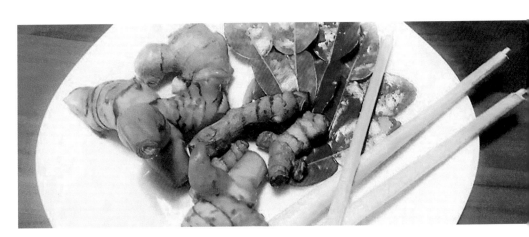

製作方法

· 將番茄切丁，老薑、薑黃數片放入鍋中，加入油、冷水，煮滾後轉小火熬煮約10分鐘，即為番茄湯底。

· 任選甘味、鹹味、酸味、辛香料等添加，再次熬煮調味，再加入一些配料，即是豐富的「春季養生煲湯」。全程須加鍋蓋熬煮。

貼心叮嚀

· 食材種類豐富，不一定一次能採買齊全，可以隨意搭配3~4種時蔬，下次採買再變化換口味，幾次熬煮後對天然調味的訣竅掌握了，再變化應用。

· 蔬菜湯不易存放，隔餐風味與營養素皆會流失，盡可能當餐食用，如果煮多了，建議可以將蔬菜湯煮滾，瀝除菜渣，只取高湯冷藏備用，或直接裝入保溫杯中當蔬菜湯飲用。

隨心小記

清明薑黃
地瓜薑湯

　　《曆書》：「春分後十五日，斗指丁，為清明，時萬物皆潔齊而清明，蓋時當氣清景明，萬物皆顯，因此得名。」清明天氣已逐漸回暖，細雨紛紛，氣候潮溼，若淋到雨引起感冒、風寒症狀，煮一碗熱騰騰的地瓜薑湯可以祛除風寒，紓緩頭痛。

　　《本草綱目》記載：「薑黃」性辛、苦、溫，薑黃富含薑黃素和揮發油薑黃酮、薑黃烯等成分，具有通經、活血、利膽、抗發炎、抗氧化、抗菌作用。老薑可以祛除寒氣、幫助腸胃道消化，健胃整腸。

　　地瓜性味甘平，益氣生津、寬腸胃、通便祕，富含維生素、膳食纖維、類胡蘿蔔素。可以多採買一些，切塊冷凍保存，隨時想煮地瓜湯，取出幾塊，加入黑棗、薑片（薑辣素可紓緩脹氣、腸胃不適），或現蒸煮現吃，或煮飯時放入幾塊，可以增加米飯的香氣，隨時做體內環保。

使用材料

· 地瓜 　切成大塊	1斤
· 芋頭	數塊
· 黑棗	5~8粒
· 竹薑	5~10片
· 薑黃	5~10片
· 黑糖	3~5大匙

製作方法

· 地瓜浸泡刷洗乾淨，削皮切大塊備用。

· 將地瓜、芋頭、黑棗、水、薑片一同放入電鍋，加水約800cc，外鍋放1米杯水燉煮，跳起候再燜一會，待地瓜熟透鬆軟，起鍋再加入黑糖調味即可。

· 電鍋燉煮的地瓜湯汁清澈爽口，如果要用瓦斯爐熬煮，可以挑選比較厚的湯鍋，煮滾後轉小火煮1~2分鐘，關火後燜約15分鐘即可，久熬會使湯汁混濁，地瓜失去香甜，起鍋前加入黑糖調味。

貼心叮嚀

· 地瓜可以挑大條一些，纖維比較細，煮湯後更Q彈綿甜。

· 薑黃和老薑採買之後浸泡10分鐘左右，待泥土鬆軟，使用軟毛牙刷輕柔刷洗乾淨，晾乾一天，待表面乾燥，使用無毒保鮮膜包裹起來，或直接用保鮮盒收納，底下墊一層廚房紙巾，冷藏保存1~2個月也不會失去香氣，隨時方便取用。

隨心小記

皇帝豆
冰花煎餃

清明時節雨水會較春分多，氣溫也逐漸回升，飲食宜溫，應多進食時令蔬菜水果。

皇帝豆的纖維含量相當高，但得連外膜一起吃，去除外膜的皇帝豆，纖維質含量明顯減少。除了纖維質，皇帝豆還算是高鐵食物，尤其對於吃素者，皇帝豆是很好蛋白質及鐵質來源。

清明時節品嘗春季時蔬的營養與風味，對牙口不好的長輩及一些不愛吃蔬菜、菇類的孩童們，酥脆的皇帝豆冰花煎餃是一個不錯的選擇。

使用材料

- 皇帝豆　　　　　　　　　　　　　　　2米杯
  蒸熟去皮
- 紅蘿蔔絲　　　　　　　　　　　　　　2大匙
- 粉絲　　　　　　　　　　　　　　　　3大匙
  泡開、切碎
- 海帶芽　　　　　　　　　　　　　　　2大匙
  加少許水發泡
- 鮮香菇切丁　　　　　　　　　　　　　3大匙
- 金針菇切細　　　　　　　　　　　　　3大匙
- 調味備料
  依序拌入芝麻油2大匙、苦茶油2大匙、胡椒粉1茶匙與鹽2茶匙。

- 水餃皮備料
  中筋麵粉100g、鹽1g、地瓜粉10g、溫水（50~60度）30CC、冷水30CC。

製作方法

· 將麵粉、鹽及地瓜粉倒入盤中混合一起。一半沖冷水，一半倒入溫水燙麵，翻拌成棉絮狀後，可以開始揉成糰。

· 先搓揉成糰，搓成長條狀等分切成12個，再揉搓做成餃子皮。

· 將餡料包入餃子皮，包好的餃子放入鍋中小火乾煎一會兒，倒入麵粉水（1大匙麵粉加1米杯水），淹過餃子一半高，蓋上鍋蓋中小火慢煎，待水分收乾，打開鍋蓋，沿著鍋邊淋上一圈芝麻油增加香氣，再倒蓋於盤子上，倒扣出來的「冰花煎餃」嘗起來口感酥脆。

貼心叮嚀

· 皇帝豆，又名白扁豆、細綿豆、觀音豆等，新鮮的皇帝豆風味香甜，存放多日後風味盡失，買回家立即煮食滋味最好。

養生小語

· 春季盛產的「皇帝豆」性平、味甘，含豐富高蛋白及鐵質，香氣獨特，是清明包春捲、煮湯、清蒸的好食材，具有除溼、消水腫、健脾胃與補血等食療功效。

隨心小記

初春四神
三米粥

　　春雨後，天氣漸漸回暖，風多物燥，早晚較冷，人體常會出現皮膚、口舌乾燥。初春時節天氣變化不定，乍暖還寒，特別要注意保暖防風寒。肺經外主皮毛，肺功能好，皮膚調節溫差與溼度的功能也就跟著好，不易外散風邪。

　　身體在冬天累積的火氣開始發散出來，此時是心肺排毒的最佳時機。肘窩是肺經、心包經、心經三條經絡通過之處，可以鼓起手掌輕輕持續拍打出痧，去除淤積在經絡裡的毒素。

初春變化無常的天氣，很容易引起情緒波動，心神不安，可以多製作健脾除溼、安心神的食療，如茯苓茶、四神三米粥，能優化睡眠品質，保持心靜平和、身體舒暢。

使用材料

·三米 <small>以同比例調和小米、糙米、白米</small>	1米杯
·綠豆	10g <small>約2茶匙</small>
·四神	1米杯
·香菜 <small>或芹菜</small>	少許
·水	16米杯

製作方法

· 白米、糙米、小米、綠豆洗淨,四神稍微過一下水即可。室溫中一起浸泡4~6小時,或放冰箱隔夜。

· 以熱水加入浸泡好的四神三米,水滾之後再以文火煮5分鐘,這期間用湯匙攪拌2~3次,拌出米漿水。

貼心叮嚀

· 慢慢舀起上層濃稠米漿水,小口小口啜飲,感受米漿停留口腔、流經咽喉、食道到胃腸的溫潤感受,間隔20分鐘後,感覺餓了再吃粥。粥可撒上春季盛產的芹菜、香菜與白胡椒粉,幫助生發肝膽的陽氣。

隨心小記

迎春開胃

馬鈴薯

　　大寒後十五日，斗指東北，維為立春，時春氣始至，四時之卒始，故名「立春」。農曆新年前後，是馬鈴薯的產季，鮮脆的馬鈴薯切絲快炒，如同春筍般鮮甜爽脆。馬鈴薯味甘性平，和胃健中、解毒消腫，富含蛋白質、碳水化合物、維生素C、鉀、膳食纖維及多種植化素，具有活血、消炎、益氣、健脾與抗氧化等功效。

　　春季也是各式豆穀、芽菜、香菜、芹菜盛產的季節，爽脆、酸甜，帶著微微辛辣的炒馬鈴薯

絲，無論熱食或冰鎮當成涼菜，都非常美味。吃過豐盛的年菜後，這是一道開胃的討喜小品，也是包春餅、春捲的好菜色，簡單、營養又美味。

使用材料

· 薑絲	1/2米杯
· 發泡黑木耳絲	1米杯
· 馬鈴薯絲	2米杯
· 辣椒絲	少許
· 甜椒絲 或青辣椒絲	少許
· 橄欖油	5大匙
· 鹽	1茶匙
· 糖	1大匙
· 烏醋 或釀造白醋	1大匙
· 白芝麻油	1大匙
· 胡椒粉	少許

製作方法

・將馬鈴薯削皮切細絲，快速沖洗掉澱粉，瀝乾備用，以增加爽脆口感。

・起油鍋，倒入橄欖油，放入薑絲、黑木耳絲炒香，再放入馬鈴薯絲炒熱。

・加入鹽、糖、醋調味，起鍋前再加入辣椒、甜椒絲、白芝麻油、胡椒粉提味即可。

隨心小記

驚蟄溫暖
春蔬濃湯

曆書記載：「斗指丁為驚蟄，雷鳴動，蟄蟲皆震起而出，故名驚蟄。」驚蟄節氣天氣回暖，春雷始鳴，驚醒蟄伏於地下冬眠的昆蟲，春耕農忙也正式開始。

皇帝豆又稱「白扁豆」，富含蛋白質及豐富的維生素，又富含膳食纖維，無論做成濃湯，或是清蒸涼拌，皆營養可口。搭配熟透的香甜南瓜，或富含香氣的溫暖時蔬，如香菜、芹菜，有助於除溼、幫助生發肝膽的陽氣。

每年農曆年前後，是皇帝豆豐收的時節，春天的皇帝豆最好吃，味道濃郁含著豆香，甘甜中帶著微微鹹香，剝除厚重、龐大的外殼，裡面細嫩的豆莢，一包一包冷凍起來保存，簡單而療癒，感恩而歡喜。

一年之計在於春，營養豐富的春季濃湯，簡單、美味、好吸收，是家中長輩與幼童，及成長中的莘莘學子補充營養、增強免疫力的好滋味。

使用材料

· 薑黃 <small>切成大塊</small>	1~2片
· 竹薑	2~3片
· 苦茶油	2大匙
· 薑黃粉	1茶匙
· 南瓜	1碗 <small>約250g</small>
· 皇帝豆（蒸熟）	1碗
· 綜合堅果 <small>任選腰果、杏仁果</small>	50g
· 水 <small>可依濃度自行調整水量</small>	500CC
· 調味備料 <small>胡椒粉、鹽、香菜、芹菜、奶粉（或米穀粉）、起士粉。</small>	適量

製作方法

· 將薑黃、竹薑片、加苦茶油先炒香，再放入厚底小湯鍋中浸潤，開小火煮香，翻動，關火加入薑黃粉備用。

· 將南瓜、皇帝豆、綜合堅果放入果汁機中打成南瓜泥後，倒入已炒香的食材，在湯鍋中煮滾，最後加入適量調味粉提味即可。

隨心小記

春蔬涼拌
萵筍絲

　　春雷響，萬物長，隨著天氣漸漸回暖，氣候乍暖還寒，是病毒最好的溫床，日常飲食中多搭配春季的新鮮時蔬，攝取豐富的營養素與膳食纖維，可促進腸胃的健康順暢，是增強免疫力、預防過敏與感冒的良方。

　　春季時蔬「春萵筍」，又名萵苣菜、千金菜，爽脆香甜，甘中帶點微微的苦味，具利尿、寬腸通便，清熱解毒等食療功效，富含維生素、礦物質及膳食纖維。《本草綱目》載：「宜廣植花果

蔬圃中，遠蛇蟲，嫩可采葉，長可采苔，以供食用，春菜之最者，莫若此也。」

　兒時最喜歡奶奶做的各式涼拌菜，其中春季的萵筍最為細嫩甘甜，有股特殊的香味。記得家裡冰箱總是有一大盆冰鎮的萵筍絲，吃飯時拿出來扮上調料，一盤調拌得又酸又辣，一盤清淡調拌些香油、香菜給小孩吃，冰冰涼涼，如同水果般甜脆美味。

使用材料

· 萵筍	1根
· 辣椒	1米杯
· 薑絲	少許
· 熱水	2大匙
· 糖	2大匙
· 釀造白醋	2大匙
· 芝麻油	2大匙
· 鹽	2茶匙

製作方法

· 挑選細長保水的「萵筍」，削除粗皮老梗，刨絲，浸泡醋水，冰鎮備用。

· 拌入辣椒與薑絲。

· 將調味醬的材料攪拌均勻，要吃的時候，酌量拌入即完成。

隨心小記

四神穀香
杏仁茶

穀雨三候：「第一候萍始生；第二候鳴鳩拂其羽；第三候戴勝降於桑。」古籍記載：「斗指癸為穀雨，言雨生百穀也，時必雨下降，百穀滋長之意。」

「穀雨」是春季的最後一個節氣，多雨、時冷時熱、氣溫變化無常，這時節不妨自己在家中做些杏仁茶。挑選新鮮的南杏、碩大飽含油脂的杏仁果，加入一帖四神，輕鬆在家裡就可以煮出香醇的杏仁茶。無論當點心或是早餐，都相當具有

飽足感，營養美味，又可以預防咳嗽感冒，豐富的油脂和膳食纖維具有幫助排便的作用，掌握春天最後的一個節氣，輕鬆替自己與家人的身體打好底子，迎接盛夏到來。

　　四神湯的組成是蓮子、芡實、山藥、茯苓，具有健脾除溼、厚實胃腸等食療功效，「茯苓」更是《神農本草經》中記載的上品藥，具益心脾，利水溼、安魂養神的功效，是即將進入炎熱夏季時節，家庭中常備平補的好食材。

使用材料

· 南杏	1米杯
· 四神	1米杯
· 杏仁果	2大匙 約5-6粒
· 四神粉	2大匙
· 杏仁粉	1大匙
· 水	1500CC
· 冰糖	少許

製作方法

· 將南杏、四神、杏仁果洗淨後，加約600CC溫水浸泡2~3小時，放入電鍋如同煮飯般煮熟、燜軟，再放入果汁機中加入適量的水，攪打成綿細的杏仁泥漿，倒入鍋中加入適量的熱水煮滾，關火備用。

· 取少許熱水先調和杏仁粉、四神粉與冰糖，倒入關火的杏仁漿中攪拌均勻，即成古早味的杏仁茶，水量可依據個人的喜好調整。

隨心小記

魚腥草
潤喉水果茶

　　「魚腥草」與「金銀花」是春季的產物，也是方便取得的鮮品，兩種植物皆具有消炎、解熱、利尿排毒的作用。在乍暖還寒的節氣裡，隨手沖一壺溫熱的水果花茶，補充足夠的水分，以利增強免疫力，預防感冒。

　　由於天氣溫差大，再加上陰雨天，容易感冒，「魚腥草」和「金銀花」正可以溫和抗菌，預防春天與潮溼引起的感染及傷風。

　　沖泡水果茶的材料，可以依據手邊現有的當季食材作變化，自家釀製的檸檬醋、梅子醋、橄欖醋裝瓶後剩餘的醋渣，皆是沖泡的好食材，能幫助消化、舒緩運動、勞動後乳酸堆積出現的肌肉酸痛。

使用材料

· 魚腥草乾品 3~5g	1大匙
· 魚腥草鮮品 30~50g	約1手把
· 金銀花	數朵
· 醃漬梅	3粒
· 蜂蜜 或羅漢果	1茶匙
· 新鮮金桔 連皮	2~3粒
· 熱水	1000CC
· 調味料	

金棗醬、百香果汁、香吉士等，能增添風味與營養素。

製作方法

· 取一寬口玻璃壺，放入魚腥草、金銀花、醃漬梅、羅漢果，新鮮金桔切開，擠汁連同皮一同放入壺中。

· 沖入熱水加蓋燜15分鐘左右後開蓋，可隨意添加蜂蜜、果醬、百香果汁增添甜味。

貼心叮嚀

· 魚腥草富含揮發性精油，具有抑菌、抗發炎功效，不宜久煮，沖泡或燜煮時需加「蓋」，避免香氣與營養素流失。

養生小語

· 「魚腥草」味辛，性寒涼，歸肺經。現代藥理實驗顯示，它具有抗菌、抗病毒、提高機體免疫力及利尿等作用。

· 「羅漢果」味甘性涼，歸肺、大腸經，潤腸通便、潤肺止咳、生津止渴，適用於肺熱或肺燥咳嗽，及暑熱傷津口渴。

· 「金銀花」具有清熱解毒，疏散風熱的功效。用於癰腫疔瘡、喉痺、丹毒、熱毒血痢、風熱感冒、溫病發熱。

隨心小記

夏屬火，主心。

夏三月，此為蕃秀。天地氣交，萬物華實，夜臥早起，無厭於日，使志無怒，使華英成秀，使氣得洩，若所愛在外，此夏氣之應，養長之道也。

　　夏季炎熱，火邪熾盛，萬物繁茂，這是一年氣溫最高的時期。內應心臟，此夏令之時，人體臟腑氣血旺盛，採用清淡、清熱之品，調節人體陰陽氣血，使情志保持愉快勿怒，令氣機宣揚疏泄，此乃夏季養生的原則。

養生杏仁
薏仁羹

農諺：「芒種逢雷美亦然，端陽有雨是豐年。」芒種時節，經歷了豐富梅雨的潤澤，天氣溼又熱，進入典型夏季氣候。台灣南部的一期「稻穗」金黃成熟，中部紅褐飽滿的「紅薏仁」結實纍纍，即將進入忙碌的收割期。

美味的食物來自情感的連結，「芒種」也是一個甜蜜蜜的時節，飽水香甜的荔枝、芒果、西瓜都進入盛產期，冰涼甜膩。再加上端午的粽子，吃多了容易造成脾胃的負擔，造成體內溼熱凝聚，水腫、皮膚長疹。

　　煮一鍋健脾除溼的「薏仁羹」方便應景，不加糖當成粥飯取代白飯，就是簡單營養又飽足的一餐。堅硬的穀類經過浸泡、燉煮，香軟好食，方便長者攝取多種營養，又可以兼顧穩定三高，是炎熱的五月最清淡爽口的點心。

使用材料

· 糙薏仁　　紅薏仁	1米杯
· 四神	1/2米杯
· 小薏仁	1/2米杯
· 白木耳	10g
· 水	2000CC~2500CC　電鍋10人份內鍋8分滿
· 冰糖	1/2米杯
· 杏仁粉	3大匙
· 蜂蜜	適量

<table>
<tr><td>製作方法</td><td>・將薏仁、四神、小薏仁（大麥仁）清洗數遍，浸泡約5~6小時，充分的浸泡，比較好煮軟。</td></tr>
</table>

製作方法

・將薏仁、四神、小薏仁（大麥仁）清洗數遍，浸泡約5~6小時，充分的浸泡，比較好煮軟。

・乾燥白木耳沖洗一下，加水泡開、撕碎，泡軟後一同放入電鍋燉煮，外鍋約放1.5杯的水，待電鍋開關跳起，燜1小時，外鍋再加入1/2米杯的水，再燉一次，香軟後加入適量冰糖、杏仁粉、蜂蜜即可食用。

養生小語

・小薏仁又稱「小薏米」，就是「大麥仁」，味甘性平，平胃止渴、益氣調中，消積進食，緩解消化不良等症狀，大麥富含水溶性膳食纖維β-葡聚糖，能使腸內好菌增生，促進腸道蠕動，通順排便，維持飽足感。

・據《本草綱目》記載，薏仁性味甘淡微寒，歸脾、胃、肺三經。有利水滲溼、健脾止瀉、清熱排膿之效，對於排便不成形、小便不順、水腫等身體溼氣重的人十分適用。

隨心小記

地瓜圓銀耳
綠豆薏仁露

　　立夏三候：「一候螻蟈鳴；二候蚯蚓出；三候王瓜生。」《曆書》記載：「斗指東南維為立夏，萬物至此皆長大，故名立夏也。」

　　「立夏」是夏季的開端，氣候日漸炎熱，綠豆、薏仁、四神搭配一起燉煮，口感豐富好吃。煮些綠豆粥，可以代替飯、麵等碳水化合物，同時具有清熱、利水、健脾除溼的功效。

　　據《本草綱目》記載，「綠豆」味甘、性寒，無毒，入心、胃兩經，具有清熱消暑，利尿消腫，潤喉止渴、明目降壓的功效。

地瓜營養香甜，搭配上藕粉，具有清熱涼血、通便止瀉、健脾開胃、促進消化、滋補五臟。蓮藕地瓜圓，香糯彈軟，老少咸宜，平日製作一些冷凍起來，搭配上銀耳綠豆湯，即是夏季簡單、平實、美味的甜品。

使用材料

· 地瓜	1斤
· 地瓜粉 　樹薯粉	1/2米杯
· 四神粉	1/3米杯
· 蓮藕粉	150g
· 綠豆	1米杯
· 薏米 　珍珠米	1/2米杯
· 四神	1/2米杯
· 白木耳 　鮮品或乾品發泡好備用	1/2米杯
· 水	2000cc
· 黑糖	1米杯
· 薑	數片

製作方法

· 將地瓜刷洗乾淨，輕輕刮除黑皮、凹陷芽點部分，切約1公分厚片，內鍋加入約1/2米杯水，外鍋加1米杯水，燜煮至地瓜鬆軟。取出燜煮鬆軟的地瓜後，趁熱加入「四神粉」拌勻。

· 再分次加入地瓜粉與蓮藕粉拌勻，裝入耐熱塑膠袋中，如同揉麵糰般充分混和均勻。揉成條狀，切小塊即成地瓜圓，一次多做一些冷凍保存，隨時取用方便。

· 將綠豆、薏仁、薏米、四神混和，洗淨後加入約1000CC的水，浸泡4~6小時，視室溫而訂。

· 白木耳鮮品快速沖洗一遍，去除蒂頭雜質，剝成細小片狀備用。若是乾品快速沖洗後，加淨水發泡約1小時，切成細碎備用。

· 將浸泡好的所有食材一同放入10人份電鍋內鍋中，外鍋加入約2/3米杯的水，燉煮至電鍋跳起，不開鍋蓋，燜30分鐘後再次按壓燉煮。

· 完成後再燜一會兒，待食材鬆軟即可加入黑糖，趁熱分裝入耐熱容器，加蓋，隔水降溫至不燙手，即可放入冰箱冷藏。

隨心小記

端午
紅肉李果醬

　　每年5、6月，「端午節」前後是「李子」的盛產期，有鬆軟香甜的「黃肉李」，也有紮實飽滿的「紅肉李」。台灣的紅肉李，除了李子的香甜外，厚厚的李子皮，咬一口，韌性中帶著酸香，微微酸澀的口感才是李子的滋味。

　　李子的生產期很短，常常一不留意就錯過了，炎熱的夏季，李子熟得很快，如果遇到雨季，很容易被果蠅叮咬，保存不易，熬煮一些紅肉李醬，不論搭配優格食用，或涼拌苦瓜，都非常清爽可口，開胃生津。

使用材料

- ·紅肉李 1斤
- ·蘋果 200g
- ·冰糖 300g
  或二砂糖
- ·檸檬汁 100CC
- ·蜂蜜 100g
- ·天然膠凍粉 3茶匙

製作方法

· 將紅肉李洗淨晾乾，果肉連皮切小丁備用，去除的果核留著一同熬煮。蘋果洗淨切小塊加入檸檬汁，放入果汁機打成泥備用。

· 取一厚底小湯鍋，加入100CC熱水及300g的冰糖，蓋上鍋蓋，以文火熬煮，期間稍微攪拌一下，待糖溶解，煮香。

· 加入紅肉李翻拌至出水，轉小火繼續熬煮約10分鐘左右，加入蘋果泥、蜂蜜，灑上膠凍粉，拌均煮滾後，再繼續熬煮約10分鐘，待果醬黏稠即可趁熱裝罐。

養生小語

· 李子味甘、酸，性平，入肝、腎經，化痰軟堅，清熱、降血壓，促進胃酸和胃消化。李子的核仁中含有李貳、苦杏仁貳，性平味甘苦，能潤腸通便、利尿消腫、散瘀、痰飲咳嗽、水氣腫滿。熬煮後的果醬成品富含花青素、鐵質，色澤鮮紅豔麗，風味絕佳。

隨心小記

苦茶油
仙草麵線

《曆書》記載：「斗指已為芒種，此時可種有芒之穀，過此即失效，故名芒種也。」節氣「芒種」進入盛夏時節，稻穀成穗，農田裡忙碌著收成與播種，在炎熱的夏日來杯溫熱的仙草茶，同時具有補充水分、消除疲勞，幫助發汗，防治中暑的功效。

有空不妨試著在家煮一鍋「原味仙草茶」，一點也不困難，熬煮時香氣繚繞，滿室青草的芳香，頓時暑意全消。冷藏過後，青草微苦回甘的風味，是多層次的味蕾饗宴。

　　仙草、薄荷的芬芳精油具有清心降肝火，幫助安神、舒緩口乾舌燥、預防感冒的作用，如果想換換口味，也可將原味仙草茶當成湯底，煮一鍋仙草養生鍋，或簡單加入一些手邊現有的時蔬與麵線，就是美味營養又消暑的「仙草麵線」。

使用材料

·原味仙草茶	350CC
·薑片 　連皮	5片
·苦茶油 　芝麻油	約1大匙
·高麗菜 　剝碎	約1大匙
·枸杞	1茶匙
·金針菇 　切成1公分狀	適量
·豆腐	數塊
·麵線	一把

・燒一鍋熱水，水滾後放入麵線，起鍋前再加入一些冷開水，麵線更加Q彈、不黏糊，盛入碗中，拌入一些苦茶油備用。

・將芝麻油或苦茶油、薑片放入厚底湯鍋裡，稍微翻拌加熱，待香味出來後放入高麗菜翻炒一下，隨即加入原味仙草茶，即為「仙草湯底」，再將枸杞、金針菇、豆腐煮滾後加入麵線中即可。

・仙草又名「涼粉草」、「仙人草」，是藥食兩用植物，其味甘、淡，性寒，具有清熱利溼、涼血解暑、解毒的功效。

・農夫下田耕作一天的辛勤過後，喝仙草茶清熱消暑，更甚於青草茶，仙草溫和清熱。此外，對於因睡眠不好引起的口臭，很有助益，並且可以好眠安神，讓身體自在放鬆。

67

隨心小記

爽脆五色
小黃瓜

　　《曆書》記載：「斗指乙，為夏至。萬物於此皆假大而極至，時夏將至，故名也。」「夏至」節氣，已出梅雨而開始進入颱風季節，酷暑炎熱，容易食慾不振，疲乏消瘦，即「枯夏」。

　　颱風季節雨水多，葉菜類農作物產量易減損，瓜類、芽菜、菇類價格相對平穩，方便取得與保存，組合在一起，色、香、味俱全，營養攝取多元又開胃，多做一些起來冷藏當成常備菜，不用擔心維生素、纖維質攝取不足、是一道低醣健康的夏日爽脆涼菜。

由於黃瓜中所含的葡萄糖、甘露糖等不參與糖代謝，血糖非但不會升高波動，黃瓜中所含的丙醇二酸，利於抑制糖類物質轉變為脂肪，因而盛產於夏季的黃瓜是夏日清熱、利水、幫助控制體重的特色時蔬。

使用材料

· 小黃瓜	2條
· 金針菇	1包
· 綠豆芽	1米杯
· 川耳	數朵
· 薑絲	適量
· 紅辣椒	1根
· 天然鹽	約2茶匙
· 麵線	一把
· 烏醋	3~4大匙
· 糖	1大匙
· 芝麻油	2大匙
· 七味唐辛子粉	1大匙

製作方法

· 小黃瓜洗淨擦乾水分，去除頭尾，切成長約5公分段狀，切片，再切粗絲備用；金針菇切除蒂尾，汆燙，瀝乾水分放涼備用；綠豆芽汆燙，瀝乾水分放涼備用。

· 紅蘿蔔切片，切細絲備用；川耳洗淨，加溫水發泡約30分鐘，汆燙，瀝乾水分放涼切細備用；薑切絲、紅辣椒去籽切絲備用。

· 將處理好的小黃瓜、紅蘿蔔、綠豆芽、金針菇、川耳、薑絲一同放入大盆碗中，加入天然鹽翻拌均勻，靜置10分鐘，擠乾水分。

· 將醬汁放入小碗中攪拌均勻，倒入大盆碗中拌均勻，放入冰箱冷藏入味後即可食用，吃多少，取用多少，冷藏賞味保存期約2天。

養生小語

· 「小黃瓜」味甘、性涼、清熱止渴、利水消腫、清火解毒。富含葡萄糖、甘露糖、及多種胺基酸與植化素、咖啡酸、綠原酸、維生素B群、維生素C，以及葫蘆素A、B、C、D等成分。

隨心小記

鳳梨
酵素果汁

「夏至」是一年中白天最長，黑夜最短的一天，之後白天漸漸縮短，夜晚慢慢加長。

家住屏東，對蜿蜒於大武山下的沿山公路特別有一分歸屬感，純樸的人們、掛滿枝頭的芒果，一畝畝的鳳梨田，隨處可見的檳榔、椰子樹，是夏日熱帶南國的景致。大武山是屏東的屏障，溫暖厚實的懷抱，替人們遮風擋雨；大武山，壯大卻不險峻，高聳卻沒有稜角，晴空萬里下壯麗的翡翠綠色山巒、陰天的朦朧、雨天的墨綠山線、灰白疊厚的雲層，彷若一幅隨著時間推移的潑墨山水動畫，時刻展露著不同風情。

炎熱的夏季，在戶外活動，最容易汗如雨下，若水分補充得不夠，容易發生泌尿道感染、便祕、火氣大，甚至痛風。可以利用夏季盛產，富含維他命C、生津解渴的「鳳梨」，再與一些健康食材搭配打成果汁，方便平時補充水分，同時攝取了多種水果植化素。豐富的鳳梨酵素可以幫助腸胃的健康，是杯五彩繽紛、物美價廉、美味與營養兼具的夏日飲品。

使用材料

· 鳳梨 1杯
約240CC

· 小麥草 約20CC~30CC
或可用優遁草4~5片　　拇指與食指圈起的一小束

· 蔓越莓 1/2杯

· 冰水 240CC
回春水、鳳梨果釀亦可

· 檸檬 1/2顆
連皮帶籽

· 無糖檸檬醋 40CC
梅子醋或糙米醋等純釀造的醋亦可

· 蜂蜜 1大匙

· 黑糖 1大匙

製作方法

· 準備光亮皮薄的檸檬3~4顆、釀造醋500CC，容量1000CC的乾淨寬口玻璃瓶1個。

· 將檸檬洗淨擦乾水分，繼續晾乾一個晚上，檸檬會催熟，變得微黃，汁多飽水，酸味降低，略帶鹼味，不刺激腸胃。製作時若適逢悶熱的雨天，若未擦乾水分，室內潮溼，易滋生細菌而致爛果。

· 將檸檬頭、尾二部去除，薄片切入瓶中堆疊，倒入釀造醋，靜置室溫一星期，作成的無糖檸檬醋即可使用。

· 將食材、蜂蜜及黑糖打成果汁，再加入調味即可。

養生小語

· 鳳梨性平、味甘酸，入脾、胃經，有生津止渴、助消化、止瀉、利尿之效。《本草綱目》記載：「鳳梨，補脾胃，固元氣，制伏亢陽，扶持衰土，壯精神，益血，利頭目，開心益志。」

· 鳳梨富含鳳梨蛋白酶（Bromelain），鳳梨酶是一種抗炎性藥物，常被使用在、外傷、關節炎等紅腫發炎現象。此外，鳳梨富含多酚類植化素，可清除自由基、抗病毒的活性，是炎炎夏日抗氧化的優質蔬果。

隨心小記

香菇莧菜
蓮藕羹

《曆書》：「斗指丙為大暑，斯時天氣甚烈於小暑，故名曰大暑。」大暑三候：「一候腐草為螢；二候土潤溽暑；三候大雨時行。」白日暑氣蒸騰，夜間悶熱。俗話說：「小暑不算熱，大暑三伏天。」

大暑節氣正值三伏天，夏、秋之交，是氣候最炎熱、人體陽氣最旺盛之際，出汗多，消耗大，容易耗氣傷陰，此刻也不宜多吃冰水，熬煮一些蓮藕菜羹湯，既消暑熱又補充水分與營養。

《本草綱目》記載：「夫藕生於卑汙，而潔白自若。生於嫩，而發為莖、葉、花、實，又復生

芽，以續生生之脈。四時可食，令人心歡，可謂靈根矣。」

俗話說：「六月莧，當雞蛋；七月莧，金不換。」夏季的乾旱、炎熱與高溫，是「莧菜」盛產時期，在烈日高照下，紅莧菜愈發鮮嫩與茁壯，葉子愈發大片、鮮綠與紅豔，遠比其他季節更富含鈣、鐵與蛋白質，其香氣更是濃郁，搭配上紅粉的蓮藕粉，口感更是滑溜順口，清肺又解熱。

使用材料

· 橄欖油	4大匙
· 鮮香菇	5~8朵
· 紅莧菜	約2杯
· 熱水	800CC
· 蓮藕粉	2~3大匙
· 冷水	約200CC
· 鹽巴	少許
· 白胡椒	適量

製作方法

・熱鍋，放入橄欖油、香菇片，炒香。

・放入紅莧菜，與熱水一同熬煮約3分鐘，將菜煮軟。

・將蓮藕粉與冷水調拌均勻，再倒進莧菜湯中勾芡煮滾，起鍋前加入調味料即完成。

養生小語

・蓮藕煮熟後其性由涼變溫，味甘，具有益胃健脾、養血補益、生肌、止瀉的功效；是補脾、養胃、滋陰的佳品。醫書《隨息居飲食譜》記載：「老藕搗浸澄粉，為產後、病後、衰老、虛勞妙品。」

隨心小記

紫蘇梅子
漬嫩薑

立夏時節，陽氣漸長、陰氣漸弱，肝氣漸弱，心氣漸強，飲食宜增酸減苦。春夏盛產的「梅子」，酸香開胃，富含消化酵素，生津解渴，抗菌解毒，自家隨意釀造一些梅酒、梅醋、鹹梅等天然梅果加工品，當作餐後零嘴或是應用於夏日冷、熱飲、入菜皆適宜。

俗話說：「冬吃蘿蔔，夏吃薑。」盛夏時節，陽氣在表，胃中虛冷，加上夏季盛產瓜果，天熱免不了冰飲，胃內易積寒氣，適量食薑可祛寒。立夏節氣前後，也是「嫩薑」開始盛產的時刻，初夏的細嫩薑芽清脆開胃，醃漬一些起來，等待

發酵，冷藏入味；待至下一個節氣小滿，正逢端午佳節，就可以搭配粽子，當作開胃小菜，幫助消化又解膩。

《本草綱目》記載，生薑味辛、氣微溫、無毒，具有發汗解表、溫中止嘔、溫肺止咳、解毒等功效，多應用於外感風寒、痰飲、咳嗽、胃寒、嘔吐等症。現代藥理研究認為，生薑含有揮發油、薑辣素等成分，能促進人體血液循環，有助於祛風散寒，強化胃腸道的消化功能。

5月是「紫蘇」開始盛產與採收的季節，紫紅舒展於烈日下的「紫蘇葉」，全株皆能食用，剪了以後也能快速生長。紫蘇葉顏色紅紫，氣味芬芳，醃漬梅子、入菜、煮茶湯皆適宜。

使用材料

· 嫩薑 含紅色皮膜、粗梗皆可	100g
· 新鮮梅子	200g
· 鳳梨	50g
· 冰糖	50g
· 蜂蜜	100g
· 紫蘇葉	數片
· 涼開水	1000cc~1500cc

製作方法

· 備好嫩薑1斤、鹽2茶匙、冰糖約50g、梅子醋100cc、蜂蜜2大匙、紫蘇葉數片。

· 將嫩薑快速洗淨，熱水汆燙快速過水一遍，嫩薑芽切塊、或切薄片抓鹽，再加入冰糖、醋、蜂蜜、紫蘇葉拌均勻，放入冰箱冷藏入味，約隔天就可食用，醃漬愈久愈好吃，保持乾淨，不開封，可以放將近半年左右。

· 取一玻璃罐，放入嫩薑、梅子、切塊的鳳梨丁，再加入冰糖與蜂蜜紫蘇靜置室溫3~5天發酵，再加入涼開水放入冷藏發酵一星期後即可飲用。如果罐子不夠大可以發酵好的梅子薑汁平均分成罐，再加入冷開水。

養生小語

· 紫蘇為一年生草本植物，其葉、莖、子均可入藥，富含鐵質、胡蘿蔔素、維生素C、胺基酸、鈣、鉀等營養素，全株富含揮發油，紫蘇醛、紫蘇醇、薄荷醇等精油成分，通體芳香，具發汗解熱，祛痰鎮咳，行氣健胃，緩解感冒頭痛、咳嗽，止嘔吐，抗菌、止癢等功效。

隨心小記

小滿除溼
薑米茶

《曆書》：「斗指甲為小滿，萬物長於此少得盈滿，麥至此方小滿而未全熟，故名也。」又，雨水三候：「小滿三候：一候苦菜秀；二候靡草死；三候麥秋至。」

小滿節氣正值台灣梅雨季，豐沛而適量的雨水灌溉，可以為農作帶來豐碩的收成，然潮溼又悶熱的氣候，常使人體無法順利排出熱能，容易感覺疲憊與無力，一不小心冷飲、瓜果、甜食吃多了，更使得消化系統受累，導致脾胃機能失調、受損。

　　此時，可以把冰箱庫存的糙米、小米或是五穀雜糧米整理出來，經過文火慢炒至金黃，使得糙米、米穀收水、乾燥、碳化的過程中，稻米香氣撲鼻，營養加倍濃縮，加入「夏季盛產的中薑」一同翻炒，可以幫助利尿、發汗去溼，解膩助消化。

使用材料

・有機糙米　　　　　　　　　　　　　　半斤
　　　　　　　　　　　　　　　　　　約2米杯

・中薑絲　　　　　　　　　　　　　　約1米杯
　連皮

製作方法—薑米茶粉

· 將有機糙米快速洗淨一遍，瀝乾水分，攤開、風乾，備用。

· 中薑泡洗，去除泥土，待表面水分風乾後，刨絲，入小烤箱烘烤半乾，備用。

· 取一個平底鍋，小火烘乾，放入風乾水分的糙米，均勻翻炒約2~3分鐘：再將刨好、烘過的中薑絲放入炒熱的糙米中，一起均勻翻炒，炙燙的糙米再次收乾薑汁，文火翻炒乾燥，約10~15分鐘，收乾水分，待飄散出濃郁的米香、薑香即完成。

· 炒好之後關火，利用鍋子本身餘溫，繼續翻動2~3分鐘，待熱氣飄散，留在鍋子裡面等待降溫，比較不容易受潮，涼了之後裝入玻璃罐中保存，室溫可保存1個月，冷藏起來可以放3個月。

薑米茶熱飲

· 將炒好的「薑米茶粉」直接加熱水沖泡，燜10~15分鐘後就可以，也可以再次回沖，泡軟的薑、米可以食用。

· 沖泡比例：薑米茶1茶匙，搭配熱水約500CC，容易上火的人水量可以增加。

· 可以酌量添加米穀粉或是茯苓紅豆粉、四神粉任選1茶匙，增加風味。

· 薑米茶熱飲也可以用熬煮方式，風味更濃郁，在熱水裡加入炒好的「薑米茶粉」，熬煮出香氣即可。

隨心小記

養生小語

・薑性溫、味辛，俱發散風寒，發汗祛溼，溫中止嘔，溫肺顧胃等功效，生薑皮性涼，具利水消腫作用。

・夏季6~8月生產的薑又稱為中薑，汁多、纖維細嫩好切片，富含生薑精油而不會過於辛辣，相較於入秋冬後的老薑母味道更為清香，較不容易上火，具祛溼、殺菌與開胃助消化的功效。

照燒薑汁
杏鮑菇

曆書記載：「斗指已為芒種，此時可種有芒之穀，過此即失效，故名芒種也。」

俗話說：「芒種逢雷美亦然，端陽有雨是豐年。」夏季溼熱的天氣，也常令人食欲不佳，提不起勁，生薑、薑黃味鮮香，具抗菌、開胃、幫助消化、利溼等功效，適量搭配在醬汁裡調味，是夏季最增進食欲的妙方。在端午佳節，家家戶戶品嘗美味粽子的同時，多一道菇類薑汁涼菜，開胃又增加膳食纖維的攝取。

　　杏鮑菇具有菇類香味，夏季產量穩定，不受雨水的影響，富含蛋白質及維生素B群，低熱量、高纖維。料理方法簡單、快速，多做一些保存在冰箱裡，冰鎮過更加入味，口感更Q彈，夏季裡當作涼拌小菜，營養又開胃，豐富的膳食纖維是腸道保健的好食材。

使用材料

· 杏鮑菇　　　　　　　　　　　　　　　　　　250g
　刀劃格子紋備用

· 橄欖油　　　　　　　　　　　　　　　　　約50ml

· 竹薑　　　　　　　　　　　　　　　　　　切片
　或薑黃

· 調味備料
　冰糖3大匙、黑糖1大匙、薑泥1大匙、醬油4-5大匙、味醂5大匙、芝麻油1茶匙。

· 勾芡備料
　蓮藕粉1大匙、水1大匙。

· 辛香備料
　熟白芝麻粒，黑、白胡椒粉，七味唐辛子。

製作方法　・薑連皮切成薄片，放入煎鍋中，加油，小火煎香，放入杏鮑菇兩面煎至金黃。

・將煎好的杏鮑菇全部放入鍋中，依序將食材的調味放入煮香，倒入蓮藕粉水勾芡煮滾，最後加入辛香料調味即可。

貼心叮嚀　・煎好的杏鮑菇如果一次吃不完，趁熱分裝至耐熱容器中，冷卻加蓋冷藏保存，即可保持鮮度，冰過以後更加入味，口感Q彈，當作涼菜，方便食用。

隨心小記

酸香開胃
青木瓜絲

　　曆書記載：「斗指已為芒種，此時可種有芒之穀，過此即失效，故名芒種也。」夏天進入颱風季時，瞬間的強風跟狂雨，對種植農作的園圃是一場災難，搭建的棚架及夏季結實纍纍的木瓜樹，落果或是傾倒時有耳聞。每年颱風季都會收到許多「青木瓜」，果實成熟程度均不一，在炎炎夏日裡，冰鎮成青木瓜絲是最開胃、討喜的涼拌菜。

　　芒種節氣，在端午佳節前後，品嘗各式美味粽子的同時，搭配上爽脆的青木瓜絲，酸香開胃、

同時增加膳食纖維的攝取，是一道應景、簡單的夏日涼菜。

使用材料

· 青木瓜絲	約3量杯
· 發泡川耳	1量杯
· 橄欖油 　　或苦茶油	3大匙
· 芝麻油	3大匙
· 嫩薑絲	1/2米杯
· 堅果碎 　可以從花生、白芝麻與腰果中任意選擇。	1/2米杯
· 紅辣椒絲	少許
· 冰糖	4大匙
· 釀造梅醋	4大匙
· 醬油露	4大匙
· 香菜	適量
· 百香果	2顆
· 檸檬汁	2大匙
· 白芝麻粉	3大匙

製作方法

· 青木瓜去皮刨絲、加水冰鎮備用。

· 川耳洗淨，加飲用水發泡開、瀝乾備用。

· 熱鍋，將橄欖油（苦茶油）、芝麻油、薑絲，小火翻炒，再放入堅果碎及川耳、紅辣椒絲炒香，關火：依序加入糖、醬油、醋拌均勻醬汁。

· 將冰鎮的木瓜絲瀝乾，拌入醬汁，最後加入檸檬汁、香菜碎、百香果汁翻拌均勻，放入冰箱冰鎮入味約2小時。

· 取出裝盤，撒上白芝麻粉即完成。

養生小語

· 青木瓜含豐富的木瓜酵素、β胡蘿蔔素、維生素C和維生素E，味酸、性溫、無毒，平肝和胃，具強力抗氧化力，可減少人體細胞受到自由基的傷害。

貼心叮嚀

· 青木瓜肉若呈白色，做起來爽脆；比較成熟的帶點微微桃紅，做起來比較甘甜。量做得比較多時，兩種混搭口味更好。刨絲時，如果靠近種子的地方比較軟，可以切掉，留著切塊煮湯，非常香甜可口。

隨心小記

夏日黃金
燕麥漿

夏季氣候溫暖，農作物生長發育旺盛，「立夏」是特別歡快的時節，大約是佛誕節前後，藉由浴佛，憶念佛德，進而清淨身心，倍感平安、歡喜。

「小麥」味甘性平，養心除煩、健脾益腎、除熱止渴。《本草拾遺》提到：「小麥麵，補虛，實人膚體，厚腸胃，強氣力。」小麥秋季播種，冬季生長，春季開花，夏季結實，5月收成。小麥植株，個頭不高，行單影隻，卻堅強地挺立在夏日陽光裡，吐露著結實飽滿的麥穗。

夏天晒晒太陽、踩踩蚯蚓翻鬆的芬芳泥土，看著綠草上跳躍的雀鳥覓食，隨意修剪幾枝瘋狂蔓生的金銀花、瓜豆藤蔓，吹著夏季特有涼快而不帶寒意的晚風，聽聽蟬鳴蛙叫，仰望初夏的夜空，滿天的繁星點點，輕踩草叢飄出的陣陣青草香，生活是如此簡單而美好。

使用材料

· 燕麥	1米杯
· 紅小麥	1/4米杯
· 糙米	1/4米杯
也可以小米、紅藜替代，口感較紮實。	
· 水	約1800CC

製作方法 ・ 將燕麥及米穀洗淨2遍，浸泡4~6小時，充分的浸泡吸水能增加燕麥的滑溜感。

・ 可以直接煮熟、燜軟成燕麥粥食用，或用果汁機攪打成燕麥漿，做好的燕麥漿有著濃濃的麥香，是初夏的滋味。

・ 也可以搭配自己喜愛的口味：杏仁粉、黃豆粉、黑芝麻粉、白芝麻粉、即時沖泡燕麥片、蜂蜜或黑糖、三寶粉（大豆卵磷脂、啤酒酵母、小麥胚芽）。

養生小語 ・ 麥的種類很多，營養價值高，燕麥粒富含B族維生素、礦物質、蛋白質、亞麻仁油酸、可溶性膳食纖維，對穩定血脂和膽固醇，預防動脈硬化、心血管健康多有助益。

・ 在日漸炎熱的夏日，對寧心安神、健脾開胃、體重的控制都非常適合，原味的燕麥漿也可以添加不同食材變化出不同口感，百搭不膩。

隨心小記

長夏屬土，主脾胃。

長夏者，六月也。土生於火，長在夏中，既長
而旺，故云長夏也。夏為土母，生長於中，以長
而治，故名長夏。

　　小暑到處暑之間稱為「長夏」，在五行屬土，
在五臟屬脾，長夏內應脾臟。長夏時值夏、秋之
際，天熱下降，低溼上蒸，溼熱相纏，脾的功能
活動與長夏的陰陽變化相應，是脾最易受損的時
節，也是養脾的好時節。

小暑開胃
菇菇醬

台灣夏季菇類種類豐富,方便挑選,菇類富含提高免疫力、抗癌功效的蛋白及香菇多醣體,熱量低、高蛋白,含有豐富維生素與膳食纖維;可以促進腸胃蠕動,加快新陳代謝,方便夏季開胃食用。

菇類的風味鮮美,在炎熱的夏季,精心挑選一些喜歡的菇類,切細,加入薑末炒香、熬煮,再依照個人喜好簡單調味,夏季方便拌飯、拌麵,淋在涼拌豆腐、燙青菜上,增添風味,同時能增加營養與纖維的攝取。

節氣「小暑」，從這個時節開始，氣溫不會再有寒涼的感覺了，此時天氣炎熱襲人，也直接影響胃口，用金針菇做成開胃的菇菇醬，可與任何餐點搭配，讓夏日飲饌更舒暢有滋味。

使用材料

・竹薑 　老薑	100g
・乾香菇	3~5朵
・川耳	3~5朵
・金針菇 　金針菇切約 1~2 公分，比例占總菇類 3/4 量風味較佳。	3 杯
・任選其他菇類 　美白菇、杏鮑菇、鴻喜菇等，切小段，比例占總菇類 1/4 量。	1杯
・辣椒 　怕辣可以去籽，只用辣椒皮增加香氣，開胃助消化。	1~2 根

製作方法 ・將金針菇切約1～2公分，杏鮑菇切段、剝成絲，川耳泡水後切碎，竹薑切成末備用。

・取一厚底小湯鍋，倒入橄欖油加入薑末、剝碎乾香菇、辣椒翻拌炒香，加入醬油、糖後，放入所有菇類及川耳，加上鍋蓋，煮滾後轉小火熬煮約2～3分鐘即可。（勿過度熬煮，營養易被破壞，菇類纖維老化，不易消化）

・起鍋前加入辛香料、膠凍粉調味之後再次煮滾，趁熱裝入小玻璃罐，隔水降溫，冷藏保存，開瓶後要盡快食用。

貼心叮嚀 ・油品的搭配隨意，但要使用好油，建議需要加到舀起來有一層浮油，類似沙茶醬，較利於保存。

隨心小記

薑汁黑糖
熱豆花

《曆書》：「斗指丙為大暑，斯時天氣甚烈於小暑，故名日大暑。」「大暑」節氣是一年之中最熱的節氣，時常伴隨大雷雨發生，氣候悶熱，土地潮溼，容易造成中暑、脾胃失調的現象。

「大暑」之後，天氣便漸漸進入初秋，這個時節天氣雖熱，忌諱冰飲，對治夏日的熱，喝一碗溫潤有餘的溫豆花，是最適合不過的。

《本草綱目》記載，「生薑」味辛、性溫、無毒。除風邪寒熱傷寒、頭痛鼻塞、咳逆上氣、止

嘔吐、去痰下氣、散煩悶、開胃氣、益脾胃。薑皮味辛、性涼、無毒,消浮腫腹脹痞滿、和脾胃。

　　有機黃豆、黑豆做成的豆漿,富含蛋白質,豐富的營養素,滋養好吸收,做成「豆花」溫熱吃,別有一番風味。加上黑糖熬製的薑糖水,健脾開胃又除溼,在炎熱的夏季當主食或一道點心,製作簡單又營養。

使用材料

· 有機黃豆	1500g
· 水	1500cc
· 葡萄糖酸內脂	3g
· 涼開水	30cc
· 老薑 連皮	100g
· 黑糖	2杯

製作方法

· 將黃豆清洗後加入1500CC溫水，浸泡4小時後，放入果汁機中打成豆漿，倒入豆漿布濾渣，要濾得乾淨，豆花口感才會細膩，有渣的豆漿不易凝結，會變成豆腐泥，將過濾的豆漿滾沸後離火降溫約2～3分鐘，等待溫度降至約80℃左右。

· 取一寬口耐熱容器，加入葡萄糖酸內脂、涼開水攪拌均勻，沖入80℃的原味豆漿，攪拌均勻，蓋上一層布吸收熱水蒸氣，蓋上蓋子，保溫靜置約20分鐘即成豆花，也可以放入電鍋，外鍋1/3米杯水，蒸一下，凝結得會更好。

· 將老薑外皮刷洗乾淨，拍碎、切段，連同冷水一同放入鍋中煮滾後轉小火熬煮3分鐘左右關火，燜約20分鐘後再開火，煮滾後再小火熬煮3分鐘，撈除老薑塊，加入黑糖即可趁熱裝罐，即是「薑汁黑糖漿」。

貼心叮嚀

· 剩餘的老薑塊可以再熬煮第二次當作薑茶，或者煮湯、滷菜時放入同煮，充分利用。

· 薑汁黑糖漿放冰箱冷藏，可以保存兩星期，方便隨時取用，淋上豆花或加入綠豆湯、紅豆湯當作糖水，或加入熱水沖成黑糖薑茶，可以自行應用。

隨心小記

長夏雙色
米饅頭

《曆書》記載：「斗指辛為小暑，斯時天氣已熱，尚未達於極點，故名也。」

慢火炒熟的五穀雜糧做成的米穀粉，香氣四溢，營養豐富，質樸醇厚的特殊風味是許多人兒時的記憶。春夏養陽，小暑時節正值盛夏，炎熱的天氣容易造成煩躁悶熱、疲倦乏力，食欲不佳等現象。挑選一些糙米、黑米、藜麥、四神、薏仁、芝麻、黑豆等四時五穀，做成五穀漿或或五穀粉，利於消化吸收、健脾養胃、幫助排泄。

在炎熱的夏天胃口不佳，米穀粉可直接沖泡或應用於煎餅，或做成米饅頭。不妨嘗試在裡面包入喜歡的餡料，如利水除溼的紅豆，各式堅果果乾、黑芝麻粉等，非常開胃可口又兼具營養。

使用材料

- 原味饅頭
  - 水 … 120g
  - 酵母 … 1/2茶匙
  - 糖 … 1茶匙
  - 中筋麵粉 … 300g
  - 熟米穀粉 … 50g
  - 米粉、或薏仁粉、或四神粉皆可替換
- 火龍果饅頭
  - 材料同上 … 見上方
  - 水 … 100g
  - 火龍果皮 … 1大匙
    - 約20g
- 紅豆餡
  - 紅豆 … 300g
  - 水 … 750g
  - 二砂糖 … 1/4杯
  - 黑糖 … 1/2杯

製作方法

米饅頭

- 將溫水、酵母一同放在盆中，用筷子攪拌至砂糖、溫水、酵母溶解，再慢慢放入麵粉，攪成乾鬆棉絮狀。

- 倒入橄欖油推揉、摺疊，再搓揉至光滑麵糰，蓋上保鮮膜約30～35度發酵約10～15分鐘，將麵糰自鋼盆取出，置於烘焙墊上，拍打、搓揉成橢圓，再擀成長方片狀，包入喜歡的餡料，捲成長條，切割成4～5等份，整型，放入蒸籠中發酵（40℃）約30分鐘，發酵膨脹約2倍大。

- 蒸籠底鍋加入沸水，蓋鍋蓋邊上插上一只湯匙，讓熱氣透發，預防水氣堆積，開大火蒸10～12分鐘，熄火後等待3～5分鐘再開蓋，取出晾乾水分即可。

- 火龍果米穀饅頭多一個步驟，將火龍果皮剪成細丁狀，研磨成泥，或用果汁機打成泥狀。

- 如果喜歡更Q彈的口感可以加入一些高筋麵粉替換。

紅豆餡

- 紅豆洗淨2遍，加水浸泡4～6小時，或在炎熱的夏季，於晚上睡前直接加水浸泡於冰箱冷藏，比較不會泡到忘了時間，發酵了。

- 浸泡過的紅豆加水煮滾後轉小火熬煮15～20分鐘，加入糖，燜一會，再次煮滾燜軟。（也可直接放入電鍋中燉煮）

隨心小記

貼心叮嚀

・善用夏日盛產火龍果皮，「火龍果米穀饅頭」的麵糰，是加入約20g的火龍果皮，就可以做出漂亮的紅色彩饅頭。

・想有更豐富的顏色，可以嘗試薑黃、菠菜、蝶豆花、藍藻粉、紅麴粉，枸杞打碎也可以做出很漂亮的顏色。

處暑
梅漬脆瓜

《月令七十二候集解》：「處，去也，暑氣至此而止矣。」處暑三候：「一候鷹乃祭鳥；二候天地始肅；三候禾乃登。」在這個節氣中，天地間萬物開始凋零，黍、稷、稻、粱類等農作物皆成熟。

台灣的「小黃瓜」在炎熱的6至10月左右是盛產期，秋、冬氣溫涼爽時生長則比較緩慢，可以趁盛產時製作一些脆瓜，開胃助消化。

料理小黃瓜，一般會擔心農藥問題。汆燙過的小黃瓜，可以去除殘留的農藥、蟲卵，而且，汆燙後仍可做涼拌料理。

小黃瓜含有抗壞血酸氧化酶，生吃時會把維他命C給破壞掉；在與其他蔬果一起吃時，也容易破壞其他蔬果的維生素C。燙過的小黃瓜，其分解酶會被破壞，就不會影響維生C的攝取。

使用材料

· 小黃瓜	3～5斤
· 醬油	1～1.5杯
· 糖	1杯
· 醋	3/4杯
· 水 調製醬汁時可選擇不加水	1/2杯
· 梅醋汁 可含梅子	2/3杯
· 甘草 或梅乾4～5粒	8～10片
· 辣椒	少許

製作方法

· 小黃瓜洗淨、晾乾，切段備用。

· 將所有醬汁材料煮滾（視量選用小平底鍋或炒菜鍋），分次放入小黃瓜（可平鋪），翻動小黃瓜，待小黃瓜煮滾變色即撈起放入淺盤吹涼。

· 將淺盤中的小黃瓜用電扇吹，使溫度降到20~30℃備用。

· 第二次加熱煮滾醬汁，待醬汁及小黃瓜都冷卻時，即可混合於大容器，放入冰箱1~3日。

· 再從冰箱取出，把醬汁與小黃瓜分離，再次煮滾醬汁約2～3分鐘，等醬汁涼透後再混和冰箱中的小黃瓜，即可裝罐、冷藏保存。

養生小語

· 小黃瓜味甘性涼，具有清熱、解暑、利尿、消腫的功效。它含大量水分、鉀鹽、纖維素和多種氨基酸；除此之外，小黃瓜還含有丙醇二酸，可抑制醣類轉化為脂肪囤積體內。

隨心小記

蔬食
薄脆披薩

曆書記載：「斗指戊為處暑，暑將退，伏而潛處，故名也。」處暑三候：「一候鷹乃祭鳥；二候天地始肅；三候禾乃登。」其中「禾乃登」指的是黍、稷、稻、粱類農作物成熟，開始秋收。

處暑是開始轉秋涼的節氣，早晚迎面的涼風、樹梢的黃葉靜靜地捎來了秋意，豐收的金秋時節，挑選一些蕃茄、南瓜、香菇、櫛瓜、起士等秋收食材，做個鹹香披薩。或挑一些8月盛產收成的龍眼乾，搭配上肉桂粉、黑糖、堅果、蘋果片

做個甜味披薩，隨意搭配擺放就是餐桌上最應景的長夏饗宴。

簡單烘烤十幾分鐘出爐，香氣四溢，溫暖而單純的穀麥香，彷彿替逐漸到來的秋冬預先穿上了暖衣，即使忙碌或不熟悉廚藝的人，都可以從蔬食披薩製作中獲得滿意的成果，有機會一定要嘗試看看喔！

使用材料

· 薄脆PIZZA	3～4片
· 麵粉	300g

要麵糰薄脆，全使用高筋麵粉；要麵糰外脆內軟，可以加一些低筋麵粉與高筋麵粉混和，約100g～150g。

· 糖	20g
· 溫水	170cc
· 鹽	3g
· 酵母粉	3g～5g
· 橄欖油	20g
· 醬料	適量

番茄醬、甜辣醬、蘋果醬皆可

· 鹹配料	適量

南瓜、番茄、堅果、香菇、起士絲

· 甜配料	適量

蘋果片、肉桂粉、黑糖、龍眼乾、起士絲

製作方法
・將麵粉、糖、溫水、鹽、酵母粉，用筷子攪拌均勻，再加入橄欖油，揉至光滑，蓋上保鮮膜，放入電鍋保溫發酵50分鐘（外鍋加約2米杯熱水保溫，不需插電），約1.5倍大，手指按入不回彈程度。

・取一張烘焙不沾墊，撒上一些麵粉，放上發酵好的麵糰，拍出空氣，分割成4塊，整圓，蓋上保鮮膜（或溼布）鬆弛備用。

・取一麵糰擀平薄片，可以依據烤箱大小擀成圓型或長方型皆可，用叉子在麵皮上插洞以防烘烤時膨脹變形，塗上醬汁，鋪上時蔬、水果、起士，放入烤箱180℃、上下火烘烤10～12分鐘左右即可。

冷藏發酵
・可前一天將揉好的麵糰裝入塑膠袋中冷藏發酵一晚，取出及發酵完成，方便使用。

老麵發酵
・發酵好的麵糰可以冷藏保留1／4麵糰，可以冷藏保存2天左右，取出揉麵時可以取代酵母粉發酵麵糰，發酵的麵糰更有麥香與口感。

貼心叮嚀
・家中如果只有一般小烤箱也可以烘烤，但不要鋪上過多配料。家中有鑄鐵鍋、白鐵鍋等厚度夠的平底鍋，蓋上鍋蓋，先將麵皮兩面煎熟，再塗上醬汁、鋪上蔬菜、起士，也可以直接在瓦斯爐上煎烤。

隨心小記

處暑鮮菇
溫沙拉

「處暑」天氣悶熱，颱風常帶來豪雨，雨水過多、空氣、身體都容易溼黏，溼氣當令，清淡滋味的飲食能使脾胃舒暢有胃口；因而這個節氣，我們以溫沙拉簡單料理，用益胃的苦茶油為主，攝取菇類能使身體有氣力。

台灣各式各樣的菇類品種豐富，倒入橄欖油或苦茶油，或烤、或煎最能展現出菇類的迷人香氣；也可以依個人喜好隨意加入一些時蔬一同煎或烤，就是一盤五顏六色、營養均衡的溫沙拉。煎的數量比較多時，可放入冰箱冷藏，當作涼拌菜，或煮麵、味噌湯時加入，都非常方便、味美。

使用材料

・香菇 <small>鴻禧菇、杏鮑菇</small>	約100g
・薑片 <small>薑黃</small>	7～8片
・橄欖油	3大匙
・苦茶油	1大匙
・時蔬 <small>可任選櫛瓜、紅蘿蔔、南瓜、芋頭、蘆筍、玉米筍、甜豆</small>	適量
・點綴用料 <small>綜合堅果、果乾、起士片（粉）</small>	適量
・蜂蜜	1大匙
・醬油	1茶匙
・芥末籽	2茶匙
・烏醋	1大匙
・調味料 <small>胡椒粉、鹽、七味唐辛子粉</small>	適量

製作方法
・平底鑄鐵鍋熱鍋，倒入油，關火。

・鍋底排入菇類、薑片與時蔬，煎香、煎熟（或直接放入200℃烤箱中約15分鐘，視蔬菜量多寡）。

・煎熟後倒入盤中，拌入醬汁，要食用時再加入綜合堅果、果乾、起士片（粉）。

養生小語
・處暑飲食應以清潤為主，少吃燥熱、辛辣的食物，應隨著天氣變化調整飲食，可以多吃山藥、秋葵、蓮藕等當季食物，這段時間建議飲食清淡為主。

隨心小記

清涼解暑
仙草茶

「大暑」是一年中最熱的節氣，正值暑假。兒時午後，最喜歡穿梭在田野間、草叢中，依稀記得家門前有條大排水溝，雖然水並不清澈，可是潺潺的流水聲，扔擲小石子翻濺起的水花，卻絲毫不減夏日午後的樂趣。

到了傍晚，晚飯後騎著腳踏車沿著排水溝遛彎，在草叢間常常會看到閃著點點微光的螢火蟲忽明忽滅，抬頭仰望繁星點點，高掛天邊的明月，照亮夏日的夜空，忽遠忽近的蟬鳴蛙叫，是記憶中夏季的風情。

　　沒有汙染的生態環境，提供了昆蟲良好的棲息地，也繁衍著各式各樣草藥。兒時最喜歡採集不同的草藥，回家對照青草藥全書，許多草藥都可以當作野菜食用，有些草藥特別的清涼芬芳，如仙草、薄荷、白鶴靈芝、紫蘇、長柄菊、六角金英等。洗淨熬煮，再加些黑糖，自己採摘、熬煮的青草茶，喝起來特別消暑、清涼、有成就感。

使用材料

· 仙草乾	150g
· 水	4000cc
· 黑糖	1米杯
· 仙草茶	300cc
· 天然膠凍粉	1茶匙
果凍粉、吉利T、蒟蒻粉皆可	
· 黑糖	1茶匙
· 冬瓜連皮帶籽	1公斤
冬瓜的皮跟籽熬湯濾渣備用，冬瓜肉切成小丁。	
· 二砂糖	150g
· 冬瓜糖磚	1塊

128

製作方法　仙草茶　・將仙草乾快速沖洗一遍，加水浸泡2～3個小時，開火熬煮，大火滾後轉小火熬煮40分鐘過濾，再加入適量的黑糖調味即可。

仙草凍　・將天然膠凍粉加黑糖攪拌均勻，慢慢倒入涼的仙草茶，攪拌溶解，煮滾後倒入耐熱容器中冷卻，放入冰箱冷藏約4小時即可。

養生小語　・將仙草凍切丁，與奇亞籽1大匙、適量的燕麥奶或鮮奶加在一起，再加入當季出產經典久違的冬瓜露糖水，嘗起來消暑舒心，是夏日涼粉口感的剉冰配料。

隨心小記

海石花凍
烏梅湯

　　兒時總是精力旺盛，暑假回奶奶家，在田野間四處奔走是最開心的時光。印象中電視機旁的茶几上總有一包零錢、一包梅乾，以及數朵奶奶院中採摘的鮮花。拿上幾個銅板，抓上幾顆梅乾，就開始了午後的探險。

　　夏季的豔陽，熱情如火，跑累了，巷尾有一顆綠油油、垂掛著許多長鬍鬚的大榕樹，就是我休息的地方，爬到榕樹上樹幹間，瞭望著遠處的藍天白雲，樹梢間灑落的陽光散發著綠葉清香。

後面還有一片竹林，及許多不知名的樹木、藤蔓與野草交織而成的綠蔭，隨著風向吹拂，就有不同的香味，陣陣涼風吹拂樹梢，鬧騰著窸窸窣窣、靈動的聲響，鄰居奶奶家種的花樹也飄出陣陣幽香。拿出口袋裡放的兩三顆梅乾，小口小口的啃食，品味著酸、甘、鹹、香的滋味，頓時暑意全消，滿口生津。這樣的夏日午後，是再愜意也不過的。

立秋之後，台灣南部開始了洛神花的產季，每次收到數朵朋友們種植的洛神花，都會搭配複方烏梅湯煮成茶飲。紅豔芳香的洛神花，搭配上酸溜溜的烏梅、酸梅乾跟仙楂，少許陳皮、一些荷葉乾，熬煮出來的烏梅湯富有多層次的口感，酸香解膩，消暑解渴。此時配上石花凍軟嫩冰涼的口感，嘗起來冰涼清心，身心舒暢。

使用材料

· 新鮮洛神花	150g
· 複方烏梅湯	4000cc
· 煮烏梅湯的水	3000CC
· 黑糖	少許
· 海石花	1兩
· 煮石花凍的水	3500CC
· 冬瓜露	少許

· 將新鮮洛神花3～5朵快速洗淨，與複方烏梅湯一包一同放入鍋中加水熬煮，待水滾後，文火熬煮大約40分鐘，過濾出湯汁，加入黑糖，就是好喝的烏梅湯，熱熱喝特別消除疲勞。

· 將海石花清洗乾淨放入鍋中，加水熬煮大約40分鐘至1小時，過濾撈除海石花渣，冷卻後放入冰箱冷藏大約4小時，即可得到愛玉口感般的石花凍，吃的時候淋上少許的冬瓜露，澆上一些熬製好的烏梅湯，豐富可口。

養生小語

· 石花菜含有豐富礦物質和維生素，它所含的褐藻酸鹽類物質具有降壓作用，所含的澱粉類硫酸脂為多糖類物質，具有降脂功能。中醫認為石花菜能清肺化痰、清熱燥濕，滋陰降火、涼血止血，並有解暑功效。

隨心小記

消暑蜜地瓜
綠豆湯

　　夏至之後，最明顯的感受就是日落的時間變長了，夏至後也進入颱風季，日落時仰望天際，時常可以觀賞到火燒雲的奇景，天邊的雲彩總是變化萬千。

　　台灣依山傍海，頂著夕陽的餘暉，到各處去上課，每回離開屏東，上高速公路，跨越高屏溪，遠望佛陀紀念館，看著紅紫蒼穹下透著金光，時而襯著一抹虹的佛館，宛若宮殿，莊嚴而靜謐。跟大佛頂禮，如同遠行跟母親辭行的遊子，再遠的路途，心裡也不孤單，倍感踏實而平安。

夏季天氣炎熱，常常食欲不佳，煮一碗熱熱的綠豆粥，當成了晚上的一餐，不加糖吃起來特別有綠豆的鹹香，放上一塊蜜地瓜，增加膳食纖維，再加上一匙古早味米穀粉，滿口留香並解暑熱。

夏日裡，晚飯後，吹著徐徐的晚風，來一碗清涼解暑的地瓜綠豆湯，輕鬆而愜意，簡單而滿足，是夏季裡最美的風景。

使用材料

· 地瓜	600g
· 綠豆	1米杯
· 薏仁	1/3米杯
· 水	1200～1500CC
· 熱水	100CC
· 冰糖	150g
· 麥芽糖 　或蜂蜜	150g

· 將綠豆、薏仁洗淨浸泡約2～3小時，放入電鍋燉，外鍋約1米杯的水，再燜30分鐘即可。

· 將地瓜切塊或切條放入鍋中蒸半熟。

· 取一個厚底小鍋，放入熱水100CC、冰糖150g，蓋上鍋蓋，煮至糖膏沸騰，再加入麥芽糖（或蜂蜜）150g，小火熬煮。

· 在糖膏中放入半生熟的地瓜塊小火熬煮，待沸騰後關火，蓋上鍋蓋燜10分鐘。

· 打開鍋蓋翻動，繼續文火熬煮約15分鐘，輕輕翻動地瓜，幫助水分收乾，待地瓜蜜製入味，放涼後更加軟糯Q彈。

養生小語

· 《本草綱目》記載，綠豆味甘、性寒，無毒，入心、胃兩經，具有清熱消暑，利尿消腫，潤喉止渴及明目降壓的功效。

隨心小記

鳳梨嫩薑
炒川耳

曆書記載：「斗指乙，為夏至。萬物於此皆假大而極至，時夏將至，故名也。」夏至三候，一候鹿角解；二候蜩始鳴；三候半夏生。

炎熱的暑夏，來盤辛香的嫩薑芽與酸甜的鳳梨入菜是最解膩、助消化的，熱騰騰時品嘗美味，放涼了，當作一道涼菜也爽口，鳳梨搭配嫩薑，在夏日潮溼悶熱的氣候裡，是促進消化的涼菜。

俗話說：「冬吃蘿蔔，夏吃薑。」六月夏至前後，是「嫩薑」盛產季節，細白、鮮香爽脆的嫩

薑，味辛性微溫，歸肺、脾、胃經，具發汗解表、溫中止嘔、溫肺止咳及解毒等功效，無論是醃漬或是快炒都非常美味。

夏季也是「鳳梨」的盛產期，鳳梨入菜快炒另有一番風味：含豐富鳳梨酵素的鳳梨，當作水果可以幫助消化，加熱後豐富的膳食纖維，更是促進腸胃健康的好食材。

使用材料

・黑木耳	1米杯
・嫩薑薄片	1米杯
・鳳梨片	1.5米杯
・橄欖油	3大匙
・白芝麻油	2大匙
・醬汁	各1大匙
冰糖、烏醋、醬油	
・配料	
白芝麻粒2大匙、紅辣椒、香菜少許	

製作方法 · 熱鍋，放入調味油與辣椒絲、少許薑片炒香；再加入發泡好的川耳翻炒，蓋上鍋蓋燜煮一會。

· 再加入鳳梨片炒熱後，起鍋前加入嫩薑片，淋上「醬汁」收汁入味；裝盤，撒上白芝麻粒、香菜點綴調味即可。

養生小語 · 黑木耳含豐富的膳食纖維，又以水溶性纖維為主，能幫助腸胃蠕動和促進排便，有益腸道健康。此外，水溶性纖維的吸水力強，能增加餐後飽足感。

隨心小記

小暑
芝麻醬涼麵

《黃帝內經》記載：「春夏養陽，秋冬養陰。」心屬陽臟，主陽氣，心臟的陽氣能推動血液循環，夏季養陽重在養心，炎炎夏日裡，家庭料理的食材儘可能選擇足夠好的油脂、搭配五色蔬果，料理方式採清淡、簡單、快速，補充足夠營養素的同時，也能強化血管、保護心臟。

低溫烘焙研磨、不油炸的黑芝麻，好吸收、不燥熱，能夠保留芝麻最高的營養素，在家自己動手做一道芝麻醬汁，再搭配天然調味法的運用，

調製出屬於自己與家人的專屬醬汁，既有趣又健康，收獲健康的同時，也帶來滿滿的成就感，無論是做涼麵、或是當作蔬菜沾醬都很美味。

使用材料

· 純白芝麻醬 或黑芝麻醬	2大匙
· 熱開水	2～4大匙
· 苦茶油	1茶匙
· 黑芝麻油	1茶匙
· 醬油	1大匙
· 粗味噌	1茶匙
· 糖	1大匙

· 配料

食用時加入：薑末、白芝麻粉或黑芝麻粉、三寶粉任選、綜合堅果、香菜、當季蔬果穀芽等。

· 調味料

鹹味：粗味噌、豆腐乳、純釀醬油、昆布粉等。
甜味：黑糖、酒釀、蜂蜜、蔬果酵素、鳳梨汁等。
酸味：梅子露、檸檬汁、金桔汁等。
辣味：七味唐辛子、辣椒、芥末子等。

製作方法 · 製作醬汁方法：將鍋中加入薑末、苦茶油、黑芝麻油，先低溫爆香，熄火；加入熱水，芝麻醬，醬油、糖、味噌、烏醋調味，趁熱倒入數個小玻璃罐中加蓋保存。冷卻後放入冰箱冷藏，隨開隨用，不開封的醬汁，冷藏能夠保存1個月左右。如果喜歡日式胡麻醬，只要以一份自製芝麻醬汁，一份沙拉醬的比例做調配即可。

· 汆燙時蔬、麵條：爐上燒一鍋熱水，加入鹽跟橄欖油，放入時蔬汆燙，按照蔬菜的質地，燙熟後撈起放涼，放入冰箱冷藏，要吃的時候再排列、淋上醬汁。

貼心叮嚀 · 食用時，依序將所有的食材放入大碗中調均勻，配料要食用的時候才加上，可以保持鮮翠口感。

養生小語 · 有百穀之冠美稱的「黑芝麻」，富含蛋白質、維生素E、芝麻素、花青素、鈣、鎂、鐵、鋅等，強力抗氧化素，其中不飽和脂肪酸更能維持血管彈性、保護心腦血管功能、潤膚養顏、抗衰老。

隨心小記

大暑
玫瑰露茶

　　《本草綱目》記載：「玫瑰花食之芳香甘美，令人神爽。」玫瑰花性溫味甘而微苦，入脾、肝經，有理氣解鬱、和血散瘀的功效。此外，玫瑰花還富含花青素、玫瑰多酚等強力抗氧化物質，氣味芳香迷人，能疏肝解鬱、醒脾和明、行氣止痛，幫助紓緩因緊張、焦慮和鬱悶造成的胃腸功能不適，紓壓又安神。

　　台灣每年七月至八月，「紅棗」開始進入盛產期，紅棗味甘而性溫，健脾補血、寧心安神，跟氣味芬芳的「玫瑰」搭配蜜漬，風味與營養加

倍，不論搭配台灣優質的「綠茶」或「熟茶」，溫熱飲用，香氣撲鼻，清涼消暑，在炎熱的「大暑」時節，是熱飲的好選擇。

使用材料

・玫瑰花紅棗蜜
  ・乾燥粉玫瑰 ⎯⎯⎯⎯⎯⎯⎯⎯⎯⎯⎯⎯ 20g
  ・紅棗 數顆
    去籽剪成小瓣，約占小玻璃瓶罐的1/2。
  ・蜂蜜 適量

・溫暖蜜香薑紅茶
  ・台灣蜜香紅茶 ⎯⎯⎯⎯⎯⎯⎯⎯⎯ 5g
    紅茶包
  ・生薑數片 數片
    可以用薑粉取代
  ・熱水 1000CC
  ・玫瑰花紅棗蜜 ⎯⎯⎯⎯⎯⎯⎯⎯⎯ 1大匙

・消暑玫瑰綠茶
  ・台灣青茶 ⎯⎯⎯⎯⎯⎯⎯⎯⎯⎯⎯ 5g
    綠茶包
  ・乾荷葉 少許
  ・熱水 1000CC
  ・玫瑰花紅棗蜜 ⎯⎯⎯⎯⎯⎯⎯⎯⎯ 1大匙

製作方法
・玫瑰花紅棗蜜製作方法，先將乾燥玫瑰花用力捏一下，或剪刀從花萼部分輕剪一刀，幫助釋放香味。

・挑選一只玻璃瓶，放入乾燥玫瑰花及剪碎的紅棗，倒入淹過紅棗與花瓣的蜂蜜，約1/2瓶罐滿，蓋上蓋子，放入電鍋，外鍋加約1/2米杯的水加熱。

・待電鍋跳起，取出瓶罐，搖晃均勻，打開蓋子放涼，再加入蜂蜜到罐子九分滿，靜置室溫約3～5日，蜂蜜充分浸潤玫瑰花，即可享用。

・將茶葉放入玻璃壺中或杯中，注入熱水，靜置待茶湯金黃，葉片舒展、出味後，加入「玫瑰花紅棗蜜」調味即可。

貼心叮嚀
・製作玫瑰花紅棗蜜的蜂蜜，需要分成兩次加入。蜂蜜的挑選，百花蜜風味清雅，龍眼蜜香氣濃郁，可以擇一或兩種各加一些。蜂蜜過度加熱會破壞其營養與香氣，所以留一半，涼了才加入。

養生小語
・「大暑三候：一候腐草為螢；二候土潤溽暑；三候大雨時行。」大暑時節，熱氣蒸騰，再遇上雷雨頻繁，更是溽、熱交蒸：身體容易感到潮溼、悶熱、疲倦；大量流汗，水分補充得不夠，容易中暑。多食用平性、溫性、營養有能量的食物與茶飲，可幫助祛除體內寒氣、溼氣。

隨心小記

秋屬金，主肺。

秋三月，此謂容平，天氣以急，地氣以明，早臥早起，與雞俱興，使志安寧，以緩秋刑，收斂神氣，使秋氣平，無外其志，使肺氣清，此秋氣之應，養收之道也。

　　秋季陽氣收斂，陰氣滋長，氣候乾燥，內應肺臟，肺與秋同屬於五行之「金」。秋主燥金，燥為秋季主氣，燥氣襲人，其性乾燥，易耗津液。因此，「養陰潤燥」是秋季養生的重點。

立秋
銀耳桃膠飲

　　立秋是秋季的第一個節氣，暑秋交替，陽消陰長，意味著炎炎夏日即將過去，豐收的秋季即將到來。經過一個夏季的高溫炎熱，讓人們胃口不佳，清涼飲食，加上汗水大量流失，容易造成的疲憊與倦怠、口乾現象。

　　挑選當季盛產，營養豐富又益氣養血的蓮子、龍眼、紅棗，搭配滋陰補水的白木耳、桃膠，精心燉煮一盅養心安神、滋陰養顏飲，適合全家大小一同飲用，可作為入秋後消暑熱、潤秋燥的第一道飲品。

每年夏末秋初是台灣「蓮子」盛產期。《本草綱目》記載，蓮子「交心腎，厚腸胃，固精氣，強筋骨，補虛損，利耳目，除寒溼。」能補脾止瀉，清心養神益腎。「龍眼」又稱桂圓，在立秋盛產，補氣血，有良好的滋養補益作用，常用於思慮過度，耗傷心脾氣血所致的失眠、健忘、驚悸、眩暈、氣血不足或貧血情形。

使用材料

· 桃膠	30g
· 雪蓮子	10g
· 乾燥白木耳	10g
· 水	1500CC
· 鮮蓮子	1米杯
· 龍眼乾	1/3米杯
· 紅棗 　或玫瑰紅棗露	適量

製作方法

· 桃膠、雪蓮子（加入白木耳）分別放入2個容器中，淨水沖洗一遍，加入各約800CC的水浸泡8小時左右。因為浸泡雪蓮子與白木耳的水很清澈，可以直接燉煮，但是桃膠發泡脹開後會有許多小雜質，必須先挑除。

· 放入10人份電鍋的內鍋中，水量約6～7分滿，外鍋加入1.5米杯的水燉煮、保溫約1小時後，食材的膠質會充分吸水膨脹。

· 再按電鍋一次，待開關跳起，持續燜1小時。經過2次的燉煮，食材膠質會比較濃稠滑溜，若喜歡Q彈、清爽的口感，燉一次即可食用。

· 第三次再加入龍眼乾與紅棗（或玫瑰紅棗露），再次按下電鍋，燉煮出香味即可飲用。如經過冷藏一天，膠質會再次釋放，是最晶瑩飽滿的狀態，可以依據自己的時間，拿捏最喜歡的口感。

養生小語

· 「桃膠」由桃樹樹皮中分泌而來，是一種淺黃、淺橘紅的透明天然樹脂，多於炎熱的夏、秋季採收，可以清熱止渴，養顏抗衰老。它豐富的植物膠質，有抗皺嫩膚、清血降脂、潤腸通便的功效。在乾燥的秋季食用，有助於清熱、補水潤秋燥。

隨心小記

金針花
酸辣豆腐羹

《曆書》記載：「斗指西南維為立秋，陰意出地始殺萬物，按秋訓示，穀熟也。」立秋是秋天的開始，更是豐收的季節，花東縱谷滿山遍野黃澄澄的金針花盛開鋪地，細長花朵下逐漸乾枯蕭瑟的細瘦黃葉，同時捎來了秋的信息。

金針花，古時稱為萱草，是東方的母親花，《本草綱目》謂之「療愁」，美名忘憂草。金針花營養豐富更蘊含淡雅花香、熬煮作為羹湯食材，對開胃生津、安定情緒多有助益。

食譜中配料看似繁多，細看其實都是家中常備的食材，靜心整理切絲，也別有一番趣味，不需要太多技巧，巧妙搭配繽紛豐富的當季時蔬，用心煮軟、調味即可食用。賞心悅目、微酸微辣的香氣羹湯、開胃好吸收，當成燴飯的湯汁也非常美味。

使用材料

· 乾川耳	6小片
· 乾香菇	3朵
· 水	1000CC
· 薑絲	2大匙
· 茭白筍絲	1根
· 秋葵	3根
· 鮮香菇	數朵
· 新鮮金針花	15朵
· 嫩豆腐	半盒
· 綠豆芽	半米杯

· 調味料
鹽2茶匙、糖1大匙、烏醋1大匙、芝麻油2茶匙、胡椒粉1茶匙、蓮藕粉3大匙、水1米杯。

製作方法

· 將乾香菇、川耳沖洗乾淨，加水浸泡20分鐘，泡軟、切絲。薑、紅蘿蔔、茭白筍、鮮香菇、切絲備用。

· 將水放入鍋中，依據食材煮軟的先後順序放入鍋中，薑絲、川耳絲、香菇絲煮出香味後，再加入其餘食材煮軟後調味。

· 將豆腐先切縱刀，只切到豆腐的2/3，底下不切到，再切橫刀，豆腐切細口感更加滑溜細膩。起鍋前加入豆腐與綠豆芽、香菜，之後蓮藕粉調水勾芡，小火滾沸、入味即可。綻放在熱騰騰的羹湯中如同一朵白色的花朵。

養生小語

· 《本草綱目》記載萱草味甘而氣微涼，卻湮利水，除熱通淋，可止渴消煩，除憂鬱寬胸膈，令人心平氣和。

隨心小記

白露
水梨藕粉羹

白露時節，陰氣漸重早晚涼。古書記載：「白露，八月節，秋屬金，金色白，陰氣漸重，露凝而白也。」白露後即將進入秋季氣候，在涼爽秋風吹拂下，早晚開始有了涼意，空氣也愈來愈乾燥。此時，身體隨著氣溫的降低，皮膚乾裂、咽喉乾燥、乾咳、便祕的情況增多。

秋季的水梨香甜飽水，燉湯飲用，酸香生津，不會過於寒涼，清熱養肺、紓緩便祕，加入蓮子、蓮藕粉、蜂蜜調味，湯品晶瑩剔透，滋補養身。蓮藕粉秋季收成，蓮藕富含澱粉、葡萄糖、蛋白質、鈣、鐵、磷及多種維生素。

　　《本草綱目》記載蓮藕補五臟，和脾胃。生藕加工成藕粉後，其性轉為平、溫，生津清熱、養胃滋陰、健脾益氣、養血止血。水梨湯品直接以蓮藕粉加入，取代生藕煮食的繁複過程，方便秋日保養。白露時節，多食用白木耳、水梨湯、小米等食材，對清熱、滋陰、潤咽喉、安神及緩解秋燥，助益良多。

使用材料

· 水梨	1粒
· 乾燥白木耳	5g～10g
· 水	1000CC
· 紅棗	3～5粒
· 新鮮蓮子	1/2米杯
· 乾燥桂花	少許
· 蓮藕粉	5大匙
· 蜂蜜	少許
· 黑糖	少許

製作方法

· 水梨刷洗乾淨，將梨籽、蒂頭、蒂尾去掉，保留梨皮，切小丁備用。

· 白木耳、紅棗過水沖洗一遍，加淨水浸泡1小時發泡。

· 將水梨、白木耳、紅棗放入鍋中燉軟，起鍋前加入冷凍過的蓮子，再熬煮2～3分鐘；趁水滾之際，均勻分次灑開蓮藕粉、桂花。關火後、加上鍋蓋燜一會，待藕粉透明，即有小粉圓口感，放涼後，即成羹狀、滑溜透明，飽和溼潤的香氣四溢，飲用時再加入少許蜂蜜調味即可。

養生小語

· 《本草綱目》記載蓮藕補五臟，和脾胃。生藕加工成藕粉後，其性轉為平、溫，生津清熱、養胃滋陰、健脾益氣、養血止血。水梨湯品直接以蓮藕粉加入，取代生藕煮食的繁複過程，方便秋日保養。

隨心小記

梅漬
柚皮檸檬

　　曆書記載：「斗指癸為白露，陰氣漸重，凌而為露，故名白露。」九月，正值柚子盛產，圓潤飽滿是中秋團圓的豐碩果實。

　　每次剝柚子飄散出柚子皮的清香，總覺得要好好的應用，捨不得拋棄，思量著什麼成品可以巧妙應用在秋冬的料理、茶飲中？思來想去，挑選夏季盛產而即將進入尾聲的檸檬，取其酸香，搭配上滋潤的蜂蜜、生津解渴的梅乾，組合搭配在一起醃漬、釀造。

　　「柚皮檸檬」酸甜而回甘，飽含柚皮與檸檬的芬芳，搭配在秋天的梨茶、冬天的薑茶與蘋果茶中，添加一些都別有一番滋味。飯後沖泡一杯，芳香又具有生津解渴、滋陰潤燥、解膩、消積食、幫助消化的作用。

使用材料

·檸檬	1斤
·柚皮	1/2杯
·天然鹽	1~2茶匙
·冰糖	100g
·低鹽原味梅乾	10粒
·蜂蜜	200g

· 檸檬:「檸檬」有籽、無籽的皆可,兩種香氣、風味不同,混合使用品質更佳。檸檬採收後加少許鹽水清洗乾淨、擦乾,約2~3天待其熟成軟化,酸氣降低、汁多微甘可用。

· 柚皮:整顆柚子抹鹽刷洗乾淨,將富含精油部分的柚皮削下,切細絲,放一些「鹽」抓一下去苦鹹澀水;再用涼開水抓洗、擠乾水分備用;處理好的柚皮斟酌用量,用不完的冷凍起來,標示清楚,方便下次使用。

· 將熟成檸檬切成薄片,再對切、或1/4薄片方便沖泡為原則。

· 將檸檬片、處理好的柚皮、冰糖、天然鹽、梅乾、蜂蜜混拌均勻,加蓋室溫保存,每天打開攪拌1~2次,持續約3~5天,待冰糖溶解。

· 分裝入小玻璃瓶中保存,放入冰箱冷藏,如此可以保持檸檬柚皮的清香風味,約保存3個月,開瓶後一周內盡快使用,如果不冰冷藏,檸檬皮跟柚皮會釋放苦味。

· 《本草綱目》記載,柚皮性平、味甘辛、無毒:具有消食、化痰、下氣的功效。柑橘類水果,柚子、檸檬果皮與種籽中富含檸檬酸烯、檸檬苦素、類黃酮等多種植化素,具有抗氧化、消除自由基、抗病毒、抗癌和強化肝臟解毒等功效。

隨心小記

滋潤甘味
仙草石花茶

隨著寒露的到來，氣候由熱轉寒，雨水漸少，天氣乾燥，晝熱夜涼。肺在五行中屬金，故肺氣與金秋之氣相應，身體容易出現鼻咽、皮膚乾燥、乾咳、便祕等症狀。

一杯香氣濃郁、微苦回甘的仙草茶，冷飲清涼解渴；熱飲加些薑汁，幫助消化、暖和筋骨。若再加上海石花一同熬煮，熱飲滑溜順口，裝杯冷藏後即成彈軟的仙草石花凍。仙草帶有特殊芳香青草味，很少病蟲害，經由乾燥風乾與日晒，封存了仙草的營養與風味。

《本草綱目》記載，仙草味甘、淡，性寒，清熱利溼、涼血解暑、解毒。「九月九，風吹滿天哮。」寒露節氣之際，也適逢仙草採收季。石花菜屬於褐紅藻，含有豐富的藻膠、藻膽蛋白，並具利尿、解熱、幫助排便之功效。

使用材料

· 乾燥仙草	150g
· 海石花乾	30～40g
· 水	4000CC
· 薑汁	適量
· 黑糖	適量
· 熱仙草茶	300CC
· 冷水	50CC
· 蓮藕粉 樹薯粉	2大匙

製作方法

· 將仙草與海石花快速沖洗2遍，加入水一同放入鍋中浸泡約2小時，開火煮滾後轉小火燜煮約50分鐘至1小時，盡快將仙草跟海石花的渣撈除，以免仙草香氣跟石花菜膠質再度被渣吸附回去。

· 加入黑糖調味，熱飲即為「石花仙草茶」，裝杯放入冰箱冷藏即為「石花仙草凍」。直接食用或淋上豆漿，或搭配鮮奶，可增添營養與風味。

· 將仙草茶煮滾，冷水與蓮藕粉（樹薯粉）調均勻，緩緩加入滾沸的仙草茶，勾芡調勻滾沸即可飲用。入冬後，可加入少許的薑汁與黑糖，熱飲更增添香氣與溫暖。

貼心叮嚀

· 《本草綱目》記載，仙草味甘、淡，性寒，清熱利溼、涼血解暑、解毒。自己熬煮的仙草茶，熱熱地喝，甘中帶微苦，冷卻以後放在冰箱裡，就是清涼的仙草茶。

隨心小記

黑米紅棗
養生茶

　　「霜降」是入秋的最後一個節氣，台灣十月早晚天氣寒涼，出門也得搭上件長袖衣裳，才不覺得冷，這時，不妨試著炒一些「黑米」或「紅米」，方便泡茶。炒過的黑米、紅米香氣四溢，溫暖脾胃、消脹氣又利尿，加些紅棗、黑棗、枸杞一同熬煮或沖泡。開花的米粒、果乾也非常柔軟好入口，喜歡甜味也可以加些許黑糖提味，冷冷的天來上一杯，從頭頂暖到腳底。

　　俗話說：「一日吃仁棗，紅顏不顯老。」紅棗被譽為天然的維他命，小小一顆，藥食兩用，其

富含蛋白質、脂肪、醣類、有機酸、維生素A、維生素C、環磷酸腺苷（CAMP），及山楂酸、鈣、多種氨基酸等營養成分，能提高體內單核吞噬細胞系統的吞噬功能，有增強體力、保護肝臟作用。

《本草綱目》裡提及：「棗味甘、性溫，能補中益氣、養血生津；治療脾虛弱，食少便溏，氣血虧虛。」紅棗亦常被用於減少烈性藥的副作用，並保護正氣。養生貴在日常的持續，應循節氣為身體滋養，就能照顧生命。

使用材料

·炒香的黑米	1大匙
·紅棗	2～3粒
·黑棗	1粒
·枸杞	1茶匙
·熱水	100～800CC

製作方法 ・2米杯的黑米（約半斤）放入不鏽鋼炒鍋中，文火翻炒大約20分鐘，米就炒熟了，有些米開始開花，米香四溢。這個時候就差不多好了，不要炒得太焦，容易上火，炒好的黑米放涼後裝入玻璃瓶中，方便泡茶飲用。

・將炒好的黑米、紅棗、黑棗、枸杞、水，一同放入小鍋中，煮滾後轉小火熬煮5～10分鐘，燜10分鐘，即可飲用。

貼心叮嚀 ・台灣有機、真空包裝的黑米，可不清洗直接炒，如果要清洗，可以直接把米放在濾網上沖水、速度要快，否則黑米表皮花青素就會溶出，甩乾水分，稍微晾乾一下再入鍋炒，才不會黑鍋。

養生小語 ・黑米又稱「黑秈糙米」，富含多種氨基酸、維生素B群、硒、鐵、鋅、花青素等微量元素，其膳食纖維高，屬熱量低的健康穀物。《本草綱目》中記載：黑米有滋陰補腎、健脾暖肝、明目活血的功效。

隨心小記

霜降
南瓜栗子粥

「霜降」是豐收金秋的最後一個節氣，休養生息的寒冬即將開始。霜降時節，台灣正值秋高氣爽，遍布山間、河床的霜白芒草搖曳於秋風中，透露著濃濃秋意。

沉甸甸、圓鼓鼓的「南瓜」是秋天豐收的果實。火焰般的金黃橘紅、鬆香甜蜜的南瓜，搭配同樣盛產於秋季營養豐富的栗子，煮成熱騰騰的南瓜栗子小米粥，甜、鹹皆適宜，香糯好吸收，是即將入冬、最溫暖人心與脾胃的營養美食。

　　素有「千果之王」之譽的栗子，性味甘溫，入脾、胃、腎經，與桃、杏、李、棗並稱「五果」。小米性涼味甘、鹹，益脾胃，養腎氣，除煩熱，利小便；小米含有豐富的蛋白質、色胺酸，健胃又安神。

　　用當季的食材「南瓜」與「栗子」，煮碗秋粥，養脾胃，又香又暖。晨起吃粥暖胃，傍晚當點心養脾，皆有益身心放鬆。

使用材料

· 熟成金黃南瓜	200g
· 小米	2/3米杯
· 糙米	1/3米杯
· 乾栗子	1/2米杯
· 水	1200～1500CC
· 紅棗	4～5粒

· 甜味調料：蜜枸杞1大匙
· 鹹味調料：鹽、胡椒皆適量

製作方法

· 將小米、糙米、乾栗子洗淨2遍，加水浸泡4～6小時。視氣溫而增減時間，或可在前晚加水浸泡於冰箱更為方便使用。

· 南瓜切成小薄片，或者喜歡塊狀口感，也可以切大塊；紅棗去籽，切絲備用。

· 將浸泡的米與南瓜、紅棗一同放入電鍋燉煮成粥，再加入蜜枸杞、黑糖調味即可，如果想要吃鹹粥可以不加黑糖，改成加入適量鹽、胡椒調味。

貼心叮嚀

· 乾栗子可至專售南北貨的市集買，須加水浸泡至軟，如果使用已炒過熱熱的栗子則更好煮食。

養生小語

· 栗子養胃健脾、補腎壯腰、強筋活血、止血消腫，含有豐富的蛋白質、脂肪及多種維生素，是抗老防衰、延年益壽的好食物。

· 南瓜性溫味甘，入脾、胃經，富含維生素A、維生素E及β胡蘿蔔素，具有補中益氣、消炎止痛、化痰排膿及解毒的功能，並能生肝氣、益肝血。

隨心小記

立秋芬芳
紫蘇飲

立秋三候：「一候涼風至；二候白露生；三候寒蟬鳴。」立秋是進入秋季初始，氣候由熱轉涼的交接節氣，也是陽氣漸收，陰氣漸長，萬物成熟豐收的季節。

「紫蘇葉」性味辛溫，歸肺、脾經，具有發汗解表、散寒、理氣、和營的功效。常應用於治感冒風寒、惡寒發熱、咳嗽、氣喘、胸腹脹滿、魚蟹中毒等。

台灣立秋時節，天氣還是非常溼熱，撿一把芬芳的紫蘇葉，加上秋季開始開花的洛神花，沖泡起來的顏色是最紅豔的，酸香的茶湯中再加上數

片乾薑,更兼具有除溼、預防感冒、幫助消化,與利尿抗菌的食療功效。此時,春夏時醃漬的梅子製品,也差不多可以收成食用了,紫蘇茶中再加上一些梅醋或梅露,滴上一些檸檬汁,做成果凍,美味又解暑。

使用材料

· 紫蘇洛神花飲

· 紅紫蘇葉	8～10片
· 洛神花	3～5朵
· 薑片	2～3片
· 水	1000CC
· 黑糖	2～3大匙

· 紫蘇梅子凍

· 紫蘇葉	8～10片
· 梅子	5～6粒
· 梅子醋	5大匙
· 冰糖	5大匙
· 水	1000CC
· 檸檬汁	適量
· 蜂蜜	適量
· 砂糖	2茶匙
· 膠凍粉 　或吉利丁	4～5茶匙

・將採收的紫蘇葉洗淨後攤開晾乾、風乾3～4個小時備用，去除水分的紫蘇葉香氣更加和緩迷人。

・將紫蘇葉、洛神花、薑片一同放入水中加蓋小火燜煮約3～5分鐘，關火浸泡約20分鐘，待紫蘇葉褪色成綠色的葉片，香味跟藥性就出來了，倒出茶湯，再加些黑糖調味即可。

・將紫蘇葉、梅子、水放入鍋中小火熬煮大約2～3分鐘，關火燜20分鐘，待紫紅色的葉片褪成綠色後撈出，加入冰糖、梅子醋、並在茶湯中擠上一些檸檬汁，湯汁顏色會變得紅粉。

・將凍粉與砂糖先混合，再放入煮好的湯汁中攪拌均勻，會比較好溶解。再放入喜愛的容器中，放入冰箱冷藏約4小時即成果凍，要吃的時候再酌量淋上蜂蜜增加光澤。

貼心叮嚀

・醋跟檸檬汁都是酸性，如果加得多的話，膠凍粉的用量，可以酌量增加，果凍會凝結得更好。

養生小語

・現代藥理研究，紫蘇葉煎劑有和緩的解熱、促進消化液分泌，增進胃腸蠕動的作用，並能減少支氣管分泌，緩解支氣管痙攣。紫蘇精油對大腸桿菌、痢疾桿菌、葡萄球菌均有抑制抗菌作用。

立秋芬芳紫蘇飲

隨心小記

龍眼香梨
安神潤喉茶

秋天飲食以安神潤燥為要，因為身體還延續著季夏溽暑的溼重，使人感到躁而不喜，此時也是自律神經易感不適的時刻，藉由嘗起來滋潤身心、安神補氣的飲食調養，可使心靈得到無比的舒適。

白露節氣，大地開始瀰漫蕭瑟的秋意，山坡上、河堤邊，雪片般的白芒花，一叢叢、一落落，隨風搖曳，開啟了秋的序幕。台灣秋季正值桂圓豐收期，其果肉鮮嫩飽滿，香甜如蜜，加入水梨或香梨，少許的紅茶一同熬煮成果茶，調味

少許蜂蜜，茶湯酸香可口，香氣撲鼻，果肉色澤晶瑩。在開始有了些許寒意的秋季裡，溫熱飲用，具有清熱、潤喉、安神補氣、滋養潤燥之功效。

《本草綱目》言，梨者，利也。生梨性涼味甘、微酸，有潤肺清燥、止咳化痰功效，特別適合秋天食用。

使用材料

·龍眼	8～10粒
·水梨	半顆
·香梨	半顆
·水	1000CC
·紅茶包	4g～5g
·蜂蜜	少許
·黑糖	少許

製作方法

· 將龍眼用少許的鹽水搓洗乾淨、剝殼、去籽備用。

· 將水梨皮用鹽水搓洗乾淨，削皮、去除黑色種籽，留下梨皮、梨心，加約1000CC冷水煮滾後，小火5分鐘熬出香味，過濾留梨茶備用。

· 將水梨、香梨（連皮）切成小丁狀，放入梨茶中，加蓋熬煮，滾沸後轉小火大約熬煮5分鐘加入龍眼肉再次煮滾、關火，放入紅茶燜大約10分鐘即可撈出茶葉（或茶包），加入少許蜂蜜或黑糖調味即可。

養生小語

· 「龍眼」味甘、性溫，歸心、脾經，具補心脾、益氣血、開胃益脾，補虛長智之功效。《本草綱目》中記載，食品以荔枝為貴，而滋益則龍眼為良，荔枝性熱，而龍眼性和平也。取其甘味歸脾，能益人智之義。

隨心小記

黃金地瓜
栗子薑湯

「霜降」是秋季的最後一個節氣，冷風中透著絲絲的寒意，寒風與溼氣侵襲下，晨起打噴嚏、流鼻水，消化不良、血液循環變差、筋骨痠痛的狀況也逐漸增多。除了添加衣、帽、襪子保暖之外，清晨蒸煮一碗「地瓜栗子薑湯」，既可除寒意，攝取豐富的營養，又有飽足感，能促進腸胃蠕動，清腸排毒。

「薑」能緩解因受寒而起的輕感冒、胃脹、止嘔、止瀉及解食物寒氣。「地瓜」富含膳食纖維、葉酸、鈣質、鉀、β–胡蘿蔔、維生素B群，

及維生素A、維生素C、維生素E等豐富營養素，具抗氧化、能保護細胞，可抑制癌症形成，膳食纖維則有益腸胃健康、防便祕及腸道病變。

專心靜食，攝心守意，此道養生湯飲不僅可以預防感冒，還能清腸排毒、淨化臟腑，讓身體狀態準備好迎接「冬」的到來。

使用材料

· 黃金地瓜	150g～200g
· 栗子	5～10粒
· 老薑片	5～10片
· 黑棗	2～3粒
· 紅棗	1～2粒
· 黑糖	2大匙
· 薑黃粉	少許
· 肉桂粉	少許
· 水	250CC

製作方法

· 將地瓜刷洗乾淨、去皮，切大塊呈滾刀撕裂狀甜分營養不易流失，薑與黑糖易滲透）。放入碗公中，加入熱水，約淹過地瓜，外鍋2/3米杯的水蒸煮，待開關跳起，不開蓋，再燜10分鐘。

· 將紅棗、黑棗劃刀，放入燜好的地瓜湯中，再按壓開關一次，久煮果乾易發酸，甜分跑到湯汁中。

· 食用時可以添加黑糖、肉桂粉、薑黃粉，增加香氣與營養。

養生小語

· 《本草綱目》記載，「栗子」味甘、性溫，入脾、胃、腎經，防治腎虛、腰腿無力，能通腎益氣與健脾，有厚補胃腸、補腎強筋的作用，更可防老抗衰，益壽延年。

隨心小記

白露紅棗
南瓜小米露

曆書記載：「斗指癸為白露，陰氣漸重，凝而為露，故名白露。」台灣的白露節氣，中秋節前後，氣溫逐漸轉涼，溪畔邊、大水溝旁開始可以看到一叢叢細白甜根子草、蘆葦的蹤影，山坡上也開始有了白背芒迎著寒風搖曳的蕭瑟秋意。

有「代蔘湯」美稱的小米粥，具益丹田、補虛損、開腸胃、補腎利尿等功效，鹼性的小米纖維質地細膩、營養豐富。低過敏性的小米蛋白，熬成小米露後細膩香滑，小口啜飲，溫潤的米油滋養食道、胃腸黏膜。

在逐漸轉涼、乾燥的秋季，紅棗南瓜小米露最適合長輩、幼童早晚溫熱飲用，滋補強壯、預防感冒，在中秋佳節團聚賞月時，也是一道很好滋陰、補血的甜品。

使用材料

・小米	150g〜200g
・綜合燕麥	5〜10粒
・水	1700〜2000cc
・苦茶油 　或橄欖油	1大匙
・南瓜 　或地瓜丁	120g
・蜜紅棗	3〜5大匙
・枸杞	3〜5大匙
・黑糖 　或冬瓜糖磚	少許
・鹽	1/4茶匙

・小米快速洗2遍，浸泡20分鐘，或冷藏浸泡超過時間不易酸敗。

・水滾後加入小米、燕麥、南瓜，加入少許油可以幫助粥湯滾沸、乳化，轉小火慢熬約15分鐘成濃稠小米露。

・小米性涼，起鍋前再添加一些蜜紅棗、枸杞或黑糖，增加香味與溫暖風味。

貼心叮嚀

・米穀與水量比例約1:10。

・小米露食材，米量多，熬煮起來比較香濃好喝，若數量太多，可以將食材減半。

隨心小記

秋分桃膠
百合木耳露

歷書記載：「斗指己為秋分，南北兩半球晝夜均分，又適當秋之半，故名也。」秋日作息宜早安，身體才會保安。關於秋天的養生《黃帝內經》記載：「秋三月，此謂容平。天氣以急，地氣以明，早臥早起，與雞俱興，使志安寧，以緩秋刑，收斂神氣，使秋氣平，無外其志，使肺氣清，此秋氣之應養收之道也。逆之則傷肺，冬為殮泄，奉藏者少。」

秋季是自然界的陽氣由疏泄轉向收斂，氣候開始轉為陰寒時，也是人體陽氣收斂之時。農諺：

「一場秋雨一場寒，十場秋雨穿上棉。」秋分時節，涼爽的秋意中透著絲絲的寒意，在冷風颼颼襲面下，口、鼻黏膜、皮膚乾燥、乾咳等秋燥現象愈發明顯。

此時養生飲饌，首選有著平民燕窩之稱、養陰潤燥的「白木耳」，搭配富含膳食纖維、清熱的桃膠，再搭配秋冬開始收成的鮮百合、甘潤的蜂蜜、無花果等食材，同時益肺潤燥，甘、酸、滋潤的滋味是一道輕易上手的秋季湯水。

使用材料

· 白木耳	一朵
· 桃膠	1/2米杯
· 百合	數片
· 水	1500cc
· 無花果乾	2~3粒
· 枸杞	一大匙
· 蜂蜜	適量
· 蜜蓮子	適量

· 將乾品白木耳與桃膠分別洗淨，先加水發泡約20分鐘後，抓洗掉乾茶品上的雜質；重新再加入乾淨的水浸泡，白木耳約需發泡4小時，桃膠發泡約8小時，乾百合洗淨發泡約4小時。

· 將發泡好的白木耳剝成適當大小、蒂頭部分切成薄片再切細碎末狀，以利膠質釋放滑溜。桃膠挑除雜質，一同放入鍋中，加入百合加水煮滾，轉小火熬煮約10分鐘，關火燜20分鐘。

· 起鍋前加入無花果乾、枸杞、蜂蜜，再次煮滾即可，果乾不適合久煮，口感易發酸，冷藏過後飲用，膠質釋放更豐富。

貼心叮嚀

· 超市中採買的鮮品白木耳可以直接使用，如果喜歡更軟滑入口即化的口感，可以將白木耳放入果汁機中加水攪打一下，稍微細碎，方便熬煮。

· 熬煮白木耳、桃膠的水量愈多，冷藏保存時膠質會持續釋放，桃膠繼續漲大、晶瑩剔透。

養生小語

· 「桃膠」性味甘苦，性平，無毒，清熱止渴，緩秋燥。

· 「百合」性甘、微寒，歸心、肺經，可清心安神、潤肺止咳。

隨心小記

冬屬水，主腎。

冬三月，此謂閉藏。水冰地坼，無擾乎陽，早臥晚起，必待日光，使志若伏若匿，若有私意，若已有得，去寒就溫，無泄皮膚使氣亟奪，此冬氣之應養藏之道也。

　　冬季天氣寒冷，陽氣深藏，內應腎臟，據冬季封藏的特點，應以溫補之品滋補人體氣血不足。進入冬天以後，正好走到五行的「水」，而五臟屬水的臟腑為腎，是故冬天應加強保養腎氣。

冬至松子
芝麻糊湯圓

冬至三候：「一候蚯蚓結；二候麋角解；三候水泉動。」冬至又稱「冬節」，過了冬至，白晝一天比一天長，天地陽氣開始回升，代表下一個循環開始。人體在冬至陰陽轉換的時節，適度食補養生，使體內陽氣充盈，期許來年身體更加強健安康。

「北餃子、南湯圓，家家搗米做湯圓，知是明朝冬至天。」記得每年冬至，都會接到奶奶的電話「回來吃湯圓吧！」雖然總是讓奶奶失望，但在寒冷的冬至夜裡，心裡是溫暖的，感恩佛陀保

佑，又順利完成了一年的工作，腳步特別的輕鬆、愉悅。

俗語說：「冬至大如年。」寒冷的冬至夜，在敬天祭祖之後，全家圍在一起搓湯圓、吃湯圓，熱騰騰、甜滋滋，是人們對團圓的期盼。吃了湯圓，又平安增長一歲，圓鼓鼓的圓仔，象徵團圓、圓滿、和諧。

使用材料

・黑芝麻粉	2大匙
・米穀粉	1大匙
・金黃亞麻仁粉	1茶匙
・蓮藕粉	1茶匙
・松子	1大匙
・核桃	1大匙
・黑糖	1茶匙
・熱水	250CC～300CC
・白芝麻粒	1茶匙
・湯圓 先煮好	適量

製作方法
・取一玻璃杯，注入約80CC熱水，搖晃一下熱杯，待水溫稍降約60～70℃，加入所有粉類食材攪拌均勻；再加入松子、核桃、黑糖與白芝麻粒，沖入熱水至滿杯，蓋上杯蓋燜5～10分鐘。待黑芝麻、堅果、蓮藕粉充分糊化、香味融合，更為香醇可口。

・黑芝麻的油脂含量高，沖泡食用時，可以適量調和一些健脾養胃的米穀粉，才好消化不易脹氣。再加入一些潤肺止咳的蓮藕粉與金黃亞麻仁粉一同沖泡，更為滑溜順口。

・蓮藕粉是止咳、健脾養胃的好妙方，若用冷開水調和雖然好溶解，但若不再次煮沸，會粉粉的、泡不開，沒法完全透明糊化。而直接沖入沸水容易結塊，不易攪散，若能先在杯中注入熱水，搖晃一下降溫較好沖泡，也不容易脹氣。

養生小語
・「松子」富含蛋白質，具有健腦安神、強健心血管、免疫力的功效。「核桃」有健胃、補血、溫肺潤腸、養神等功效。「黑芝麻」味甘，性平，潤五臟、益氣力、潤腸燥、烏髮養顏。

隨心小記

茯苓花生
栗子飲

小寒的氣象特徵,《曆書》有載:「斗指戊,為小寒,時天氣漸寒,尚未大冷,故為小寒。」小寒與大寒,是一年最寒冷的兩個節氣,此時身體宜注重保暖,使血液暢通。利用當季出產的落花生做成營養滋露,在寒天低溫裡,猶如玉露瓊漿,暖暖喝一口讓身心得到許多滋潤。

台灣每年冬季農曆的十月至十二月間,是「落花生」盛產、採收的季節。愈接近農曆新年,市場上各式各樣的年貨琳瑯滿目,過年前傳統市場,有時可以看到帶殼、沾著泥土芬芳的新鮮落

花生，洗淨後放入電鍋蒸熟，鬆軟好吃，其鮮甜的滋味是乾花生無法比擬的，無論當作點心、零食、入菜，都非常的美味又營養。

　秋冬的保養與夏日不同，《黃帝內經》有云：「春夏養陽，秋冬養陰。」小寒時節，以冬季盛產的花生、栗子，搭配寧心安神的茯苓，滋潤的白木耳、杏仁、松子，炊蒸鬆軟，熬煮香濃，是寒冷的冬季裡補充營養、潤澤五臟的滋補飲品。

使用材料

· 鮮花生	1米杯
· 冷凍鮮栗子	1米杯
· 發泡好白木耳	1米杯
· 茯苓	2片
· 杏仁粉	5大匙
· 冰糖	3大匙
· 松子	3大匙
· 水	2000CC

製作方法

· 新鮮的花生和栗子洗淨，白木耳、茯苓，加水發泡備用。

· 將準備好的食材一同放入鍋中，加入淹過食材的水一同煮熟、燜軟。

· 把這些已燜軟的食材，放入果汁機中攪打成綿細糊狀的「花生糊」。

· 取一厚底小湯鍋，鍋中先燒約300CC的熱水，再倒入打好的花生糊，攪拌至滾沸，加入適量的杏仁粉、冰糖、松子調味，點綴即成。

養生小語

· 花生富含多種豐富的營養，如維生素E，能健腦、強化心血管。《本草綱目拾遺》記載，花生具有悅脾和胃、潤肺化痰、滋養調氣、清咽止咳等防治作用。

· 「茯苓」味甘、淡、性平，具利水滲溼、益脾和胃、寧心安神之功用。現代藥理研究，茯苓多醣體能增強機體免疫功能、抗腫瘤，及保護肝臟作用。

隨心小記

八珍藥膳
—— 養生湯

冬三月，小寒節氣，天氣愈發寒冷，低溫溼潤的氣候中盛產的蔬菜病蟲害少，口感細緻鮮甜，是品嘗冬季時蔬的好時節。此時高麗菜、白蘿蔔、山東白菜、油菜花等正值盛產。寒冷的冬夜是吃火鍋最適合的季節，如果喜歡吃養生鍋也可以自己在家裡熬一些湯底，適量加入火鍋湯中，作為天然香氣、調味的來源，也可以降低蔬菜的寒涼感。

八珍湯是由四君子湯和四物湯組合而成，能夠補氣益血。苦茶油脂肪酸組成與橄欖油相似，有

著「油中黃金」與「東方橄欖油」之美稱，能降低膽固醇，增強血管彈性和韌性，延緩動脈粥樣硬化，抑制和預防心血管、高血壓等疾病，增加腸胃吸收功能，潤澤皮膚等功效。

使用材料

- 湯底
  - 八珍 .... 兩帖
  - 紅棗 1米杯
    或黑棗、枸杞任選
  - 果乾 1米杯
  - 水 2000cc
- 配料
  - 紅蘿蔔 .... 半根
  - 鮮香菇 .... 數朵
  - 杏鮑菇 1米杯
    剝絲、切丁
  - 乾黑木耳 1朵
  - 原味生豆包 .... 數片
  - 茶油 100CC
- 高麗菜、玉米筍、山藥、綠花椰、蓮子、栗子等適量。

‧ 將八珍快速洗淨兩遍，加入水淹過八珍，前一天晚上先放入冰箱浸泡隔夜。第二天要燉煮時，連同浸泡的水一同放入電鍋內鍋燉煮，外鍋放1米杯的水，待開關跳起（約20分鐘），再燜30分鐘。

‧ 電鍋開關再按壓一次，跳起後，隨即倒出八珍湯，湯藥的香氣與藥性才不會再被藥渣吸附回去。剩餘的藥渣若香氣還很濃郁，可再加入淹過藥渣的水再燉煮一次，將兩次的湯底綜合，趁熱裝入玻璃瓶中，冷藏可保存3～5天，也可冷凍保存一個月，隨時方便燉煮。

‧ 取一湯鍋，放入苦茶油與配料簡單翻炒一下，加些熱水，蓋上鍋蓋燉煮至食材熟軟，依口味適量加入熬好的八珍湯底調味即可。也可以當成火鍋湯底，加入自己喜歡的各式菜料，吃火鍋時人多，湯底不夠濃郁，可以隨時加入多預備的湯底調味。

養生小語 ‧ 苦茶油是用油茶樹的種子壓榨而成，每年10～11月開花、結籽。苦茶油富含單元不飽和脂肪酸，更含有山茶甘素、維生素A、維生素E、β胡蘿蔔素、黃酮類化合物（茶多酚）、芝麻素等營養。

‧ 八珍藥膳在感冒嚴重時，以及生理期間不宜飲用。

隨心小記

立冬紫菜酥
海苔醬

「立冬三候，一候水始冰；二候地始凍；三候雉入大水為蜃。」立冬是冬季的開始，萬物收藏，是一個養精蓄銳的季節。

澎湖的北海，在東北季風吹拂下，礁石上的浪拂區是「海上黑金」紫菜最佳的生育地。立冬以後，日照弱、氣溫降低，海浪強勁，紫菜生長速度加快，澎湖的白沙鄉姑婆嶼北側是天然野生紫菜區。每年十月底至隔年三月底為紫菜生長期，寒風刺骨的冬至前後陸續採收，紫菜產季三次採收的口感各有不同，第一批紫菜最鮮嫩，第二批爽脆，第三批堅韌適合做紫菜酥。

現代研究發現，藻類膠質由多種醣類聚合而成，海藻多醣可抑制病毒，更能促使膽固醇代謝成膽酸，隨著糞便排出體外，因此達到降低膽固醇的效果。紫菜、昆布富含EPA，微藻類中的藻油富含DHA。對於素食者來說，從藻油補充DHA是最好選擇，具有健腦、安神、防憂鬱功效。

使用材料

· 紫菜餅	70g
· 昆布	35g
· 乾香菇	20g
· 乾燥無鹽珊瑚草	1米杯
· 水	1500CC
· 橄欖油	2/3米杯
· 釀造醬油	1/2米杯
· 冰糖	1/4米杯
· 黑芝麻油	3大匙
· 苦茶油	2大匙
· 白胡椒粉、薑粉、七味唐辛籽	適量

製作方法

· 將紫菜薄片放入平底鍋中，文火烘烤至產生海苔香氣、酥脆，翻面再烘烤一下。紫菜餅熱燙，可拿另一片未烘薄片代替鍋鏟、按壓，讓下層紫菜均勻壓附熱鍋，較不燙手，最後撥成細碎的「紫菜酥」備用。

· 珊瑚草快速沖洗一遍，昆布不用洗，剪成5公分小段，一同加溫熱水浸泡1～2小時發泡柔軟，放入果汁機攪打成泥狀的「昆布糊」備用。

· 取一厚底小鍋，放入橄欖油、剝碎乾香菇、薑末。蓋上鍋蓋，文火爆香，以不冒煙、不破壞油品營養為原則，期間視情況適度翻炒攪拌，待香菇、薑的香氣四溢，加入黑芝麻油、苦茶油煮熱。再加入醬油、糖，待醬色和香氣產生，關火。加入辛香料調味，即完成爆香。

· 將「昆布糊」，倒入爆香好的醬料中煮滾，慢慢加入作法「紫菜酥」，再轉文火熬煮約5分鐘，使醬料與食材充分融合入味。趁熱裝罐，倒扣20分鐘呈真空狀態，降溫後，冷藏保存，開罐後盡快食用。

貼心叮嚀

· 乾燥昆布上的白色結晶「甘露醇」，是高濃度礦物質、胺基酸，尤其麩胺酸的含量豐富，是甘味、鮮味、鹹味的來源，不需清洗。

· 攪打與拌煮時，須斟酌「海苔醬」凝態，太濃稠加水，太稀釋則於起鍋前加入蓮藕粉，薄薄勾芡，或使用一些膠凍粉使其增稠凝固。蓮藕粉勾芡質地濃稠，海藻粉勾芡如同果凍，較為晶瑩剔透，看得見紫菜纖維。

隨心小記

洛神紫蘇
烏梅熱醋飲

　　大雪是進入「冬至」前的最後一個節氣，古代曆書記載：「斗指甲，斯時積陰為雪，至此栗烈而大，過於小雪，故名大雪也。」

　　進入冬季天氣愈來愈冷，吃鍋、進補的機會增多，飯後來杯酸甜解膩的熱洛神花茶可以幫助消化。但洛神花清淡的風味在冬天略顯不足，加入一些芳香抗菌、溫性的「紫蘇葉」，及盛產於冬季的柑橘類水果，如：金棗、金桔、砂糖柑等芳香果皮，或者可以添加秋季製作的柚皮果醬，都可以幫助消化、消除脹氣，溫性的食材更有助於體內陽氣的生發。

如果希望茶湯更加的濃郁，也可以加入一些自己釀製的醋渣，濃郁的酸、香、甜，剛好在冬季時用來醃白蘿蔔及沖泡熱飲。再利用過年的長假清洗、晾乾瓶罐，明年又可以重新釀製，醋中的醋酸、果酸、檸檬酸，可以幫助分解肌肉中堆積乳酸，在寒冷的冬季能幫助舒鬆筋骨、振奮精神。

使用材料

· 烏梅湯材料   適量
 洛神花、仙楂、陳皮、烏梅、甘草、桂花等
· 新鮮洛神花   4～5朵
 保留1～2粒綠色果核部分
· 水   1000CC
· 乾燥紫蘇葉   一手把
· 梅漬柚皮檸檬   2大匙
 或金桔、金棗等柑橘類果皮數粒
· 梅醋渣   適量
 檸檬醋渣
· 老薑   適量
· 黑糖粉   適量

製作方法

・將整個烏梅湯配方沖洗乾淨，以冷水煮滾後轉成小火，煮10分鐘，熬製成100CC烏梅湯。

・待茶湯顏色成豔紅，香氣散發，便可將新鮮洛神花、紫蘇葉等其他食材放入，繼續再煮5分鐘，即完成。

貼心叮嚀

・烏梅湯在夏季飲用生津解渴，在寒冷的冬季進補後熱熱沖淡飲用，健脾和胃，促進胃腸蠕動。

養生小語

・烏梅、山楂能增加胃中消化酶的分泌，幫助消化、加強脂肪分解，冬季多飲用一些熱茶湯，除了可以溫暖手腳，更可以加速循環代謝、以利健康。

・每年十月底至十一月是台灣「洛神花」的產季，洛神花富含花青素、黃酮素、多酚等強力抗氧化物，其色澤紅豔、口感酸甜，幫助消化、生津解渴。

洛神紫蘇烏梅熱醋飲

隨心小記

百合蓮子
綠豆蒜

大寒是一年二十四節氣中的最後一個節氣。《曆書》記載：「小寒後十五日，斗指癸為大寒，時大寒栗烈已極，故名大寒也。」

冬季氣候乾燥，加上天冷，人們吃熱食、進補、香辣鍋物的機會大增，水喝得少了，容易上火，煮一鍋香醇的綠豆蒜，當作飯後甜點或是當成正餐主食皆宜。「綠豆蒜」不是蒜味綠豆，而是脫殼後非常容易煮成泥的綠豆仁，綠豆蒜是台灣屏東與恆春一帶的古早味點心。

　　綠豆外皮與內仁功效不同，綠豆清熱之力在「皮」，解毒之功在「內」，綠豆入心經、胃經，具補益腸胃功能。搭配小米滋陰養胃，蓮子養心安神，香甜的龍眼乾氣血雙補。加上冬季盛產的「鮮百合」入心經、肺經，潤肺止咳、清心安神，熬煮成冬日養生甜湯，營養豐富，香甜濃郁，熱量也不高。期許一碗熱騰騰的養生甜湯，在寒冬中溫暖人們的心靈與脾胃，一掃陰霾，歡喜迎接新春到來。

使用材料

・綠豆蒜	1.5米杯
・圓糯米	1/3米杯
・珍珠米	1/3米杯
・小米	1/3米杯
・水	2000CC
・冷凍鮮蓮子	1米杯
・鮮百合	1朵
・龍眼乾	1/2米杯
・黑糖	1/2米杯

製作方法

- 將綠豆蒜加水浸泡約1小時,撈起、放入10人份電鍋中,外鍋約1.5米杯熱水,蒸煮熟備用。

- 將食材的圓糯米、珍珠米、小米洗淨浸泡1小時,加水放入湯鍋中煮成粥底後,加入食材的鮮蓮子、百合煮軟,放入蒸熟的綠豆蒜拌均,最後加入龍眼乾、黑糖調味。

養生小語

- 「大寒」氣溫凍寒,加入補氣的圓糯米、滋陰養胃的小米,以及口感滑溜、豐富的珍珠米,熬煮出的綠豆蒜,具有米湯天然的濃稠,不需要勾芡,口感厚實溫熱,具有飽足感,富含多樣米穀營養,取代一餐或者主食皆適宜。

隨心小記

小雪催芽
可可亞豆漿

曆書記載：「斗指己，斯時天已積陰，寒未深而雪未大，故名小雪。」節氣與禪的當下、生活十分契合，大自然四時變化，周而復始，古籍中一篇篇生命的樂章，字裡行間道出小雪節氣的大地生機，以此之道，養護滋潤身心。

小雪節氣，適逢農曆十月，有「十月小陽春」的美稱，因氣候涼爽而生長旺盛的蔬菜、果芽，很容易讓人誤以為春天到了。體質寒涼容易手腳冰冷的人，可以在進入寒冬前，多熬煮沖泡一些營養豐富、滋補陽氣的食品，為身體儲備能量，增強免疫力，以禦寒冬。

「豆漿」含豐富的蛋白質，經過催芽的豆漿，富含膳食纖維，細緻好吸收。搭配性溫熱、濃郁香醇，帶點微苦滋味的「可可亞」，能夠加強新陳代謝，加速血液循環，促進腸胃蠕動，幫助排除宿便。在冬季裡可預防手腳冰冷、保護心血管、紓壓安神，及帶來豐富的飽足感。

使用材料

·無糖催芽豆漿	250CC
·鮮奶	100CC
·無糖可可亞粉	1大匙
·肉桂粉	少許
·黑糖	1茶匙

製作方法 ・1米杯有機黃豆洗淨2遍，加入1000CC的淨水中浸泡4～6小時，浸泡至黃豆飽水，芽點冒出。

・將催芽好的豆子加水淹過豆子，蒸煮燜熟後，加入適量的水，放入果汁機攪打成綿細豆漿，倒入厚　底小湯鍋中。

・再以小火熬煮逼出豆漿內攪打產生的空氣，才不容易脹氣，也利於保存，煮滾熬至豆香濃郁。

・加入鮮奶、可可亞粉、再次滾沸，倒入杯中，依口味適量添加黑糖與肉桂粉提味即可。如果不方便自己做豆漿的時候，也可以買現成的無糖黃豆漿或黑豆漿替代。

養生小語 ・可可亞，微苦性溫，香味濃郁，含有豐富蛋白質、多種氨基酸和礦物質銅、鐵、錳、鎂、鋅、磷、鉀，及維生素A、維生素D、維生素E、維生素B群，與可可多酚、黃酮類化合物、黃烷醇、槲皮素等強力抗氧化物質，能夠抗發炎、活化神經滋養因子，對神經、腦部、心血管有保護作用。

隨心小記

立冬
———
紅燒栗子南瓜

古籍有關立冬的記載：「斗指西北維為立冬，冬者終也，立冬之時，萬物終成，故名立冬也。」

有「腎之果」美稱的栗子盛產於秋冬，是補腎氣、強壯腰腿的冬季滋補佳品。有著鬆香、厚實，Q甜如同栗子般的「栗子南瓜」，同樣盛產於冬季，擁有豐富的膳食纖維、β胡蘿蔔素、類黃酮素等皆具抗氧化力，可以抑制癌細胞的生長，同時照護眼睛與皮膚的健康。

立冬時節，挑選一顆厚實香甜的栗子南瓜、一

些栗子，再搭配數顆酸甜的枸杞一起紅燒，溫暖的顏色，濃郁的滋味，豐富的營養，不論是熱騰騰的品嘗，或是冷藏放入冰箱當作一道常備菜都很合適。這是一道具有冬季特色食補，簡單、營養又保有秋冬果實的天然原味，期待能為身體注入滿滿的能量。

使用材料

・栗子南瓜	1/4顆
・冷凍鮮栗子	100CC
・薑片	數片
・辣椒	1根
・枸杞	1大匙
・橄欖油	3大匙
・醬油	2大匙
・糖	1大匙
・熱水	1米杯

製作方法 ・將南瓜皮刷洗乾淨、去籽，連皮切成塊狀，連同栗子先入電鍋蒸熟，外鍋加1米杯水，跳起後不需燜得太軟，之後還要入鍋紅燒入味。

・熱鍋、小火倒入橄欖油，放薑片、辣椒，後再放入蒸好的栗子與南瓜，加入糖與醬油，煮出醬香，再加入約1/2米杯的熱水、枸杞，蓋上鍋蓋煮至冒煙，關火，再燜3～5分鐘，收乾、入味即可。

養生小語 ・栗子性溫，味甘平，入脾、胃、腎經。富含不飽和脂肪酸、蛋白質、維生素B、維生素C、鐵、磷、鉀、鈉、胡蘿蔔素、核黃素等營養素，能供給人體足夠熱能，具有益氣健脾、厚補胃腸、修復口腔潰瘍等食療作用。

隨心小記

氣血雙補
紅豆黑米粥

「冬至」這一天，陽光幾乎直射南回歸線，是一年中白天最短、黑夜最長之日。冬至是重要的節氣，也是重要節日。「冬至，祀先，拜尊長，如元旦儀。」意思是說，冬至祭祖、拜謁尊長，要像過元旦一樣舉行隆重的儀式。

醫學大家孫思邈在《千金要方‧食治篇》說：「食能祛邪而安臟腑，悅神，爽志，以資氣血。」良好的飲食，可以使人身體強健精神愉悅、益壽延年。《本草綱目》記載：「龍眼味甘性溫，歸心、脾經。」是開胃健脾，補虛益智，補心健脾之佳品。

235

　　「黑米」性溫，中醫認為黑米能益氣補血、暖胃健脾、滋補肝腎，養顏美容，可以入藥、入膳。對體虛乏力、頭昏目眩、貧血白髮等有滋補作用，也適於孕婦、產婦、經期過後補血養顏之用。同時，黑米更富含豐富的花青素，葉綠素、花青素、胡蘿蔔素、強心甙，具有抗氧化、清除體內廢物的功能。

使用材料

· 紅豆	1米杯
· 五穀米	1/3米杯
· 黑米	2/3米杯
· 四神	1/2米杯
· 水	2000CC
· 龍眼乾	1/2米杯
· 黑糖	1/2米杯
· 蓮藕粉	適量
· 酒釀	適量

製作方法
・先將紅豆、五穀米、黑米、四神，洗淨2遍，加水泡4～6小時，或者前一日先浸泡，置冰箱冷藏，隔日可以直接燉煮。

・第二天從冰箱拿出，放入電鍋蒸煮2次，燜軟。之後再將水、龍眼乾、黑糖、蓮藕粉、酒釀一起加入調味，再次滾沸即可。

養生小語
・桂圓的名稱來源有二，其一是由於廣西生產的品種特別優良，在圓肉」之前冠以廣西的簡稱「桂」，而成為「桂圓肉」；其二是因為龍眼的葉子似桂而果實渾圓，所以稱為桂圓。現代藥理研究，桂圓有延年益壽作用，且能增強血管彈性，亦可用於心脾虛損、氣血不足所致的失眠、健忘、驚悸、眩暈、病後體弱等，及女性產後調補。

隨心小記

大雪珊瑚鈣
養生飲

大雪三候：「一候鶡鴠不鳴；二候虎始交；三候荔挺出。」昔時日秋冬養陰，進入「大雪」節氣，天氣更為溼冷，是陰氣最盛時節，所謂盛極而衰，陽氣即將萌發。

「珊瑚草」性涼而富含人體修復的營養素，堪稱為海中珍寶，搭配上性溫益氣補血的黑棗與龍眼乾，互補而相得益彰。在寒冷的冬季裡，補充人體所需能量，提升免疫功能，促進新陳代謝，改善氣血的循環，進而達到紓緩寒冬氣溫驟降，引起腸胃不適、手腳冰冷、筋骨痠疼的現象。

　　《本草綱目》記載，珊瑚草（鹽草）味甘性涼，具潤肺生津、健脾和胃、利水消腫、解熱祛暑之功效。做好的珊瑚鈣飲，冷藏保存後成凍狀，可一次多煮些，趁熱倒入玻璃保鮮盒內，蓋上蓋子，隔水降溫後，盡快冷藏，呈無菌狀態，可冷藏保存十天左右。每次飲用時，取出加熱即回復漿狀，也可以稀釋成羹湯的湯底，加入菜料，料理成養生鍋湯底。

使用材料

· 無鹽珊瑚草	20g
· 乾燥白木耳	20g
· 桃膠	1/2米杯
· 水	2500CC
· 黑棗	5粒
· 紅棗	5粒
· 龍眼乾	1/3米杯
· 黑糖	1/3米杯
· 老薑	5～10片
· 調味料 肉桂粉、薑黃粉、薑粉	適量

製作方法

- ・將珊瑚草、白木耳，以淨水快速清洗兩遍，加入約2000CC飲用水，室溫浸泡約8小時，待珊瑚草充分發泡至手指一捏就斷的程度，會更加好燉煮。

- ・桃膠用淨水快速清洗數遍，加入約500CC飲用水，室溫浸泡約10～12小時，待桃膠充分發泡，再挑除雜質。

- ・將浸泡完成的珊瑚草、白木耳、桃膠，及浸泡的水一同放入鍋中。加入劃刀的紅棗，與黑棗、枸杞、龍眼乾、老薑片，一同煮滾後轉小火熬煮約10分鐘，關火燜10分鐘後再次開火。

- ・熬煮完成後，珊瑚草會完全溶解成膠狀，桃膠呈晶瑩剔透，加入適量黑糖、老薑粉，提味即可飲用。

貼心叮嚀

- ・台灣氣候溼熱，挑選無鹽的珊瑚草利於保存，不易發霉變質，且含鈉量低，海藻腥味淡。

- ・添加桃膠是為了增加熱飲口感的豐富性，及方便多元營養攝取，可以酌量增減。

養生小語

- ・潮汐滋養下生長的珊瑚草，蘊含有豐富純淨海中酵素、天然植物膠原蛋白，以及高鈣、高鐵、鎂、鉀、磷、鈉等，多種人體機能所需的營養素，幫助健胃整腸，具有強筋健骨的保健功效。其所含「褐藻多醣」，具有降低膽固醇、降血壓、清血、增強肝臟解毒功能，可清除體內自由基、重金屬毒素，是冬季體內環保的好幫手。

隨心小記

山珍海味
如意鍋

農曆正月初九是玉皇大帝誕辰（俗稱天公生），民間有「拜天公」的習俗，佛教稱作「供佛齋天」。這一天，家家戶戶準備美味佳餚，虔誠供養三寶與諸天，感恩一年來的照護，也祈求新的一年，國泰民安、風調雨順、闔家平安、福壽綿延。

記得兒時寒假快結束前，最期待的就是可以熬夜、晚睡，折疊一大袋的元寶山堆，歡歡喜喜準備拜天公的食材，就像宴客一樣，有水果、菜碗、糕點、紅龜粿及五寶甜茶。最特別的就是有

一盤「山珍海味」，裡頭有五色豆子、黑木耳乾、金針花、筍乾、冬粉、昆布、鹽、醋、糖、薑、辣椒等。

「山珍海味如意鍋」取用各種山珍、海味，這些食材在經由天然日晒與風乾，其特殊風味不需過多的調味，即有豐富的鮮味，和天然的甘甜與鹹味。在「下滷上蒸」的鍋中，熬煮出誠意十足的人間美味。

使用材料

- 凍豆腐 　　　　　　　　　　　　　　數塊
- 乾海帶結 　　　　　　　　　　　　　數朵
- 昆布 　　　　　　　　　　　　　　　數朵
- 乾黑木耳 　　　　　　　　　　　　　數朵
- 乾金針花 　　　　　　　　　　　　　數朵
- 日晒乾香菇 　　　　　　　　　　　3～5朵
- 火鍋底料 　　　　　　　　　　　　　適量
  芋頭、冷凍鮮蓮子、南瓜、花生、栗子、毛豆、油菜花、紅蘿蔔、甜豆、皇帝豆、綠花椰、鮮菇類等。
- 食用油 　　　　　　　　　　　　　　少許
  苦茶油、橄欖油、芝麻油
- 辛香料 　　　　　　　　　　　　　　適量
  老薑、薑黃、辣椒、香菜、九層塔、胡椒粉、醬油、冰糖，紅棗、龍眼乾、甘蔗頭。

製作方法

· 冷鍋中放入油，加入老薑、薑黃、辣椒，拌勻浸透，開火炒香，加入豆包、板豆腐、芋頭、過油煎香，取出備用。

· 加入紅蘿蔔、香菇絲、黑木耳、昆布、紅棗、龍眼乾、甘蔗頭等，無澱粉食材鋪底層，較不易沾鍋。

· 再依食材耐煮程度，層層鋪排、堆疊放入鍋中。油煎豆包、金針花、栗子、蓮子等，耐煮有滋味的食材放中層。接著，再放入根莖類，上層鋪蔬菜，加入少量的熱水，使水淹到中、底層食材。然後加入醬油、冰糖，蓋上鍋蓋。

· 蓋上鍋蓋開始煮滷，利用食材的擺置，創造出「下滷上蒸」的鍋中環境，待煮滾後轉小火煮5分鐘左右。

· 開鍋蓋加入胡椒粉、香菜，增加香氣，稍微翻拌，檢視食材軟硬程度，再煮滷一會兒，收汁入味，關火。

隨心小記

溫潤杏仁
燕麥核桃露

　　霜降之後，進入暮秋時節，隨著氣溫不斷下降，早、晚的冷風，乾燥的氣候、涼水，容易誘發感冒、咳嗽等症狀。秋、冬也是老年慢性支氣管炎、哮喘病、肺炎、中風等疾病的好發期。

　　在家中採買一些平喘、鎮咳的杏仁，及富含維生素，健腦又滋補腎氣的核桃，加上富含水溶性膳食纖維的燕麥，再添加一些潤喉的蜂蜜，簡單製作香醇又好吸收的杏仁露。對預防氣候變化引起感冒、咳嗽，以及心血管疾病，也能起到防治保健的作用。

《本草綱目》中記載：「燕麥多為野生，因燕雀所食，故名。」燕麥性平，味甘，歸肝、脾、胃經，具益肝和胃、益脾養心、斂汗潤腸、通便作用。節氣進入冬季，晝短夜長，晨起、睡前，喝一杯溫潤的杏仁露，鎮咳潤喉又富有飽足感，助一夜好眠。

使用材料

·南杏	80g
·燕麥粒	120g
·核桃	1/2米杯
·水	2000CC
·杏仁粉	3～5大匙
·蜂蜜 或冰糖	2～5大匙
·熱水	300CC

製作方法

· 將南杏、燕麥，快速清洗兩遍，加入約600CC的水浸泡1小時（或者前一晚冷藏浸泡於冰箱保存），放入電鍋，外鍋1米杯水蒸煮熟，燜軟即可。

· 將蒸煮熟的燕麥杏仁粥，加入核桃、水，分次放入果汁機中攪打成漿，要研磨攪打久一點，因為杏仁片堅硬脆口、澱粉質少，久煮也不會軟。

· 將打好的核桃燕麥杏仁露放入厚底小湯鍋中煮滾，放入調味用的杏仁粉冰糖水再熬煮1～2分鐘即可飲用。

· 飲用不完的杏仁漿，趁熱裝杯、裝罐滅菌，盡快放入冰箱冷藏，可以在冰箱保存一個星期左右不變質。冰過的杏仁漿杏仁味更加濃郁，退冰後可以直接添加鮮奶或豆漿飲用，又是不同的風味。

貼心叮嚀

· 杏仁粉是南杏經過烘烤再研磨成粉，會比單用杏仁多一股香味，杏仁味也更加濃郁，所以起鍋前添加一些，可以增加風味與杏仁油脂。建議採買無糖與無添加澱粉的杏仁，油脂純度高、功效好。

養生小語

· 南杏又名甜杏仁，味甘、性平，入肺經和大腸經，具潤肺、止咳、平喘、生津開胃。杏仁屬於堅果類，含豐富蛋白質、維生素E、不飽和脂肪酸、微量元素硒、鋅等抗氧化物質，具滑腸通便、潤燥補肺、滋養肌膚、保健心血管等作用。

· 現代醫學研究燕麥富含膳食纖維，能促進腸胃蠕動，利於排便，熱量低，升糖指數低，具有降低膽固醇，平穩血糖的功效。

溫潤杏仁燕麥核桃露

隨心小記

蔬食地圖
14

五季五行 養生蔬食

作　　　者／但漢蓉
社　　　長／妙熙法師
主　　　編／陳瑋全
責 任 編 輯／妙護法師
美 術 設 計／卞文

出 版 者　福報文化股份有限公司
發　　行　人間福報社股份有限公司
　　　　　http://www.merit-times.com.tw
地　　址　台北市信義區松隆路327號5樓
電　　話　02-87877828
傳　　真　02-87871820
　　　　　newsmaster@merit-times.com.tw

戶　　名　福報文化股份有限公司

法律顧問：舒建中律師

初版　　　2024年05月
定　　價　新台幣320元

ISBN 978-626-97226-2-4　（平裝）

國家圖書館出版品預行編目(CIP)資料

五季五行養生蔬食/但漢蓉著. -- 初版. -- 臺北市：
福報文化股份有限公司出版：
人間福報社股份有限公司發行，2024.05
300面；22X17公分．（蔬食地圖系列：14）
ISBN 978-626-97226-2-4（平裝）
1.CST：蔬菜食譜　　2.CST：健康飲食

　　　427.3　112021960

拈
花

Buddha's flower and Kasyapa's smile.

台北文化院咖啡廳

歡迎蒞臨，享受靜好時光。

散笑，以心印心。　地址：110台北市信義區松隆路327號5樓
營業時間為週三～週日，am10：00～18：00

和生御品
WHOLESOME SINCE1974

榮獲2022第二屆
百大糕餅伴手禮 金質獎

賀

芋泥雙色綠豆黃
Double Taro Mung Bean Cake

濃郁豆奶香原味綠豆黃,搭配紫薯綠豆黃
中間Double芋泥夾心,絕對滿足味蕾
輕輕咬下,令人沒齒難忘的創新口味!

木柵門市 台北市文山區忠順街一段24號 │ 電話:02-2936-5702
中山門市 台北市中山區伊通街91號 │ 電話:02-2504-8115
https://www.wholesome1974.com/

千祥雲集

天然純淨液態皂

精油：佛手柑.烏木.雪松.檀香木

實體商品：
台北：佛光緣美術館台北館
台中：佛光山台中惠中寺
高雄：佛光山旗山禪淨中心
台南：淨宗台南極樂寺
印度：Institute of Buddhist dialectic (IBD)

SGS安心平台認證
GMP優良製造準則 工廠生產
ISO22716良好生產規範 工廠生產
intertek公正檢驗合格

網購平台
福報購

千澐生技有限公司
QIANYUNN.CO,LTD

清新香檬風味
一喝就愛上！

完全
蛋白質

永續
綠藻精華

天然
維生素C

CLEAN 慈悅 TIC
Clean Label

Xynergy 新楽激

元氣補給聖品
新樂激蛋白飲 全素

福報購　新樂激官網

新東陽
HSIN TUNG YANG

負責廠商:新東陽股份有限公司　地址:台北市忠孝東路四段289號8樓
銷售通路:全台新東陽門市　線上通路:新東陽官網、新樂激官網、福報購